那些相似的花儿

160种花卉的辨识养护

兑宝峰⊙编著

中国林业出版社

·北京·

图书在版编目（CIP）数据

那些相似的花儿：160种花卉的辨识养护 / 兑宝峰
编著 . -- 北京：中国林业出版社，2020.9
ISBN 978-7-5219-0816-9

Ⅰ.①那… Ⅱ.①兑… Ⅲ.①花卉—辨识②花卉—观
赏园艺 Ⅳ.① S68

中国版本图书馆 CIP 数据核字 (2020) 第 183078 号

责任编辑　张　华
出版发行　中国林业出版社
　　　　　（北京市西城区德内大街刘海胡同 7 号）
邮　　编　100009
电　　话　（010）83143566
印　　刷　北京博海升彩色印刷有限公司
版　　次　2020 年 11 月第 1 版
印　　次　2020 年 11 月第 1 次
开　　本　710mm×1000mm　1/16
印　　张　16
字　　数　300 千字
定　　价　69.00 元

写在前面的话

从广义上讲，"花儿"是指具有观赏价值、能够给人们身心带来愉悦的植物，除了观花植物外，还包括观叶植物、观果植物、观姿植物等类型。花儿，是大自然送给人类的一份厚礼，是美的象征。

人，是自然的产物，是自然之子，与大自然有着与生俱来的亲近感。近年来，随着"亲近自然，回归自然"生活理念的深入人心，越来越多的人喜欢在自家阳台、窗台、庭院莳养花卉，从中享受种植的乐趣，陶冶情操，美化家居环境。但对于大多数人而言，有不少花儿"傻傻"地分不清，这是因为花卉的种类实在太多了。有的名字近似，有的外形相似，也难怪有人将它们弄混，甚至张冠李戴。把A种植物当作B种植物，像在北京等地的菜市场、饭店中经常会看到一种叫"穿心莲"的植物，而在河南的饭店、菜市场中又称之为田七。到了花市，又被称为牡丹吊兰、心叶吊兰。其实它的学名叫露草或心叶日中花，为番杏科露草属多肉植物，与中药中的穿心莲、田七无任何关系。还有一些植物，外形非常接近，但习性却差别很大，像五加科的常春藤、菊科的绿玉菊。也有一些植物名字较为相似，甚至将一个名字用于不同种类的植物，像雪莲、观音莲都有两种。而商家随意起的商品名以及各种植物的地方名，也都在一定程度上给花卉的辨识及养护造成了困难。

《那些相似的花儿：160种花卉的辨识养护》一书能够帮您辨识身边的花儿，并将它们养好。本书分为名相近、形相似、张冠李戴等几个篇章。从名称、形态等方面，以图文并茂的形式介绍这些近似花卉的辨识方法，养护、繁殖要点以及主要用途。

书中的植物正名及学名以《中国植物志》（网络版）为基准，并参考花卉图片网、中国植物图像库（PPBC）等网站以及《赏月季 玩月季 在线问答100》（孟庆海著）、《多肉植物图鉴》（兑宝峰编著）等专著。本书在编写过程中得到了《花卉》杂志副主编徐晔春，天津的张旭、张晨、陈永刚，北京的刘勇，山东的李筱莉，福建的王文鹏，河南的段桂强、张敏、计燕、尚玉萍、刘磊、尚建贞、刘冬、李德强、芦志忠、李兆祥，台湾网友谢政翰，以及网名为小二黑、冬天的宝藏、溪水千竹、云飘泽国、太湖花郎、花生、随--心、kaoru1985、ICO等朋友的大力支持，特此表示感谢。

由于编著者水平有限，付梓仓促，错误难免，欢迎指正！

兑宝峰
2020年3月20日

目录

概述

花，是一个有着丰富含义的字词，其词性有褒意、有贬义，也有中性。本书的「花」，是指具有观赏价值的植物。

裸子植物罗汉松的花

在植物学中,"花"是指植物的生殖器官,典型的花,在一个有限生长的短轴上,着生花萼、花冠和产生生殖细胞的雄蕊、雌蕊。尽管有学者认为裸子植物的孢子叶球也是"花",但大多数学者认为,只有被子植物才有真正意义上的花,故被子植物也称有花植物。由于花的各部分不易受外界环境影响,变化较小,长期以来,花的形态结构是被子植物分类鉴定和系统演化的主要依据。

在园艺学中,"花"是花卉的简称。花卉一词有狭义和广义两种意义。狭义上的花卉指具有观赏价值的草本植物。

广义上的花卉指一切具有观赏价值的植物,包含了苔藓植物门、蕨类植物门、裸子植物门、被子植物门中的草本植物、木本植物等多个类型。

观赏植物(即"花"),按观赏部位的不同,可分为观花植物、观果植物、观叶植物、观茎植物;按形态特征可分为木本植物、草本植物、多肉植物、水生植物、藤本植物等类型。其中有些类型是相互交叉的,像木瓜,春花秋果,各有所赏;藤本植物中有草本植物、木本植物、多肉植物等多种类型。

"花"的种类繁多,形态千变万化。其中有些种类外形接近,而名称和习性完全不同，像牡丹与芍药；还有一些花卉名字接近，甚至将同一个名字用于不同的花卉，于是就有了一物多名、张冠李戴等现象，像中药里所说的丁香是桃金娘科蒲桃属的丁香蒲桃（别名丁子香，花蕾称公丁香，果实称母丁香），而不是花卉中的紫丁香、欧丁香、暴马丁香之类的木犀科丁香属植物；饭店里所说的"穿心莲""田七"则是番杏科多肉植物露草（心叶日中花）。这些都给花卉种类的辨识及养护造成了不便，因此一定要正确辨识花卉的名称，了解其习性，既不能望名生形，也不能看形生名，如此才能养好花。

1. 大花蕙兰
2. 芍药
3. 紫丁香
4. 牡丹

1	2
3	4

植物的学名、中文正名、
别名、地方名、网名

　　国际上采用的植物学名，是瑞典生物学家林奈所创立的"双名法"，即植物的学名统一由属名加种名组成，并统一用拉丁文表示，故也称拉丁名，植物的学名一般情况下只有一个（有时因分类方法的不同或分类的变更及其他原因，偶尔也会出现同一种植物有两个或两个以上学名的现象，即异名）。

　　地球上的植物种类繁多，各国的语言及文字不尽相同，同一种植物在不同的国家，甚至同一个国家，乃至同一个地方，不同的年代也有不同的名字，像"三角梅"，中文正名光叶子花（ *Bougainvillea glabra* ），在广东等岭南地区叫簕杜鹃，《台湾植物志》则叫小叶九重葛，其他还有宝巾花、紫亚兰、三角

光叶子花（三角梅）

那些相似的花儿：160 种花卉的辨识养护

1 | 2
3 | 4

1.霸王花
2.硃砂根
3.火龙果
4.红星茵芋

花等名称。此外，其近似种叶子花（*B. spectabilis*）也被称为三角梅，并有三角花、九重葛、毛宝巾等别名。而贴梗海棠（*Chaenomeles speciosa*）在《中国植物志》中则用的是皱皮木瓜。因此为了便于交流，了解不同植物间的亲缘关系，统一使用学名是完全必要的。

植物的中文名包括中文正名、别名、地方名及商品名等。中文正名，即正式的中文名称，多用于正规的学术刊物、植物志，一般来讲，植物的正名只有一个（偶尔会有2个或2个以上）；别名是指正名以外的名字，一种植物可以有多个别名；地方名，就是在某些地方使用的植物名，像花月、燕子掌、玉树在河南都被称为"玻璃翠"。商品名是指在销售时，商家命名的寓意吉祥、发财和辟邪的植物名字，像马齿苋科马齿苋树属的马齿苋树的商品名叫"金枝玉叶"，紫金牛科紫金牛属的硃砂根（朱砂根）的商品名叫"金玉满堂""黄金万两""腰缠万贯"，蔷薇科火棘属火棘的商品名叫"满堂红""状元红"，芸香科茵芋属红星茵芋的商品名叫"紫玉珊瑚"，鸟巢蕨的商品名叫"聚宝盆"等。网名，是指在网络上交流的名称，像把生石花称为"PP"或"屁股花"，把天竺葵称为"小天"，铁线莲称为"小铁"等。

此外，有些植物在不同的行业或圈内有着不同的名字，像《中国植物志》中的仙人掌科植物量天尺在用作砧木嫁接其他种类的仙人掌科植物时叫三棱箭；其花可食，叫霸王花；果实则是果品行业中的火龙果，若是对该植物不了解，很难将这几个名字当作一个物种。而多肉植物爱好者所说的"牡丹"是对仙人掌科岩牡丹属植物的总称。

种与品种

我们知道，生物的分类是按照界、门、纲、目、科、属、种等7个级别划分的，近缘的种归为属，近缘的属归为科……以此类推。在各级单位之间，有时因范围过大，不能完全包括其特征或系统关系，而有必要再增设一级时，在各级前加"亚（Sub）"，如亚门、亚纲、亚目、亚科、亚属、亚种。

种（Species）是"物种"的简称，是生物分类的基本单位。指具有一定的自然分布区域和一定的形态特征、生理特性的生物类群。在同一种中的各个个体具有相同的遗传性状，彼此交配（传粉受精）可以产生能育的后代。"种"是生物进化和自然选择的产物。在野生环境中种以下还有亚种（Subspecies）、变种（Varietas）、变型（Forma）的分级。

品种是经过人工选择而形成遗传性状比较稳定、种性大致相同、具有人类需要的性状的栽培植物群体。品种是人类进行长期选育的劳动成果，是种质基因库的重要保存单位，同时也是一种生产资料。

总之，品种是种的下级分类，是人工选育的结果，其规范的标注要加单引号，像月季中的'黄和平''红双喜''烟花波浪'，牡丹中的'豆绿''青龙卧墨池'，向日葵中的'黑天鹅'等。

'红双喜'月季

'黑天鹅'向日葵

名相近

在花卉中，有些种类的名字非常相似，甚至完全相同，而实际上却是几种不相关的植物，不论是外观形态，还是习性及日常管理、繁殖方法都有着很大的不同。

梅花&蜡梅

　　梅花与蜡梅都有着较强的耐寒性，先花后叶，冒着凛冽的寒风、皑皑的白雪盛开于岁末年初，而且花朵也都具芳香，还都有干枝梅的别名。常有人将它们混为一谈，说成同一种植物的不同品种，其实二者在植物分类学上既不同科，更不同属，形态也有很大的区别。

梅花 *Armeniaca mume*

　　别名梅、梅树、干枝梅。为蔷薇科杏属落叶灌木或小乔木，单叶互生，叶片卵形或椭圆形，边缘常有小锐锯齿。花色有白、淡绿、粉、红等颜色，有些品种还具有斑纹；花型有单瓣与重瓣之分，香味以暗香著称。核果近球形，成熟后黄色或绿色。自然花期2～3月（在气候温暖的地区或经温室催花，可提前

白梅

1. 傲雪

2. 红梅

3. 美人梅

至1月开放）。果期5～6月（在华北等较为寒冷的地区可延至7～8月）。

梅花的品种很多，大致可分为"直脚梅类""照水梅（垂枝梅）类""龙游梅类""杏梅类"等4类。此外还有一些杂交种，像宫粉×紫叶李的美人梅等。

梅花是我国的传统名花，有着悠久的栽培历史，并形成了独特的梅文化，以梅为素材的文艺作品数不胜数。梅花可地栽或盆栽观赏，也可制作盆景，还可将花枝剪下，瓶插清供或制作花艺作品。此外，梅的鲜花可提取香精，花、叶、根、果仁可入药。果实味酸，可食，或鲜食或盐渍或干制，也可熏制成乌梅入药，有止渴、生津、止咳、止泻的功效。

养护 梅花喜温暖湿润和阳光充足、通风良好的环境，有一定的耐寒性，土壤长期干旱和积水都不利于植株

龙游梅

生长。生长期浇水做到"不干不浇，浇则浇透"。5月下旬至6月下旬是梅的花芽生理分化前期，要适当控制浇水，等新生枝条梢尖有轻度萎蔫时再浇水，以控制枝条生长速度，有利于花芽分化。进入7月可正常浇水，若遇雨天注意排水防涝。生长期每15天左右施一次腐熟的稀薄液肥，5～6月各向叶面喷施一次0.2%磷酸二氢钾之类的磷钾肥，以利于花芽的形成。花谢后进行一次修剪，剪掉病虫枝、过密枝，将老枝短截，每个枝条仅留2～3个芽，以促发新枝。

盆栽梅花每2～3年翻盆一次，在春季花谢后进行，盆土宜用疏松肥沃、排水良好的砂质土壤，并掺入少量的骨粉或在盆的下部放几块动物的蹄甲作基肥。

梅花虽然耐寒，但并不喜寒，只不过对寒冷气候的忍耐力度较强而已，尽管花朵能够在雪中绽放，但等雪化后其花朵往往萎靡，看上去不是那么精神。因此，在梅花开放之后，最好能将其移至冷凉、雪淋不到的地方，以延长花期，提高观赏性。

繁殖　梅花的繁殖用播种或嫁接的方法。其中的播种苗变异性较大，很难保持原品种的优良特性，多用于砧木的培育或杂交育种。嫁接用桃、杏、李子或梅花的实生苗作砧木，以优良梅花品种的接穗，用枝接或芽接的方法进行。

蜡梅 *Chimonanthus praecox*

因香气似梅花，颜色、质感像黄蜡而得名，又因其傲霜斗雪盛开于寒冬腊月，故也作腊梅，其他还有黄梅、干枝梅等别名。为蜡梅科蜡梅属落叶灌木或小乔木。单叶对生，叶纸质至近革质，卵圆形、椭圆形、宽椭圆形至卵状椭圆形，全缘。花黄色，有香甜的气味。小瘦果。花期比梅花稍早，一般在11月至翌年3月，果期4～11月。

蜡梅有大量的园艺品种，花色虽为黄色，但有深浅浓淡的差异。较为著名的有素心蜡梅、檀香蜡梅、虎蹄蜡梅、磬口蜡梅、狗牙蜡梅等品种，其佳品的标准是花朵较大，色泽纯正明媚，香味浓郁。其中的狗牙蜡梅俗称臭梅、狗牙梅或狗英梅，是蜡梅的原生种，其习性强健，生长速度快，但花小、色淡、香味也淡，常作砧木嫁接其他优良品种的蜡梅。

蜡梅盛开于隆冬之际，傲寒吐秀，冷香远溢，可地栽、盆栽或制作盆景，也可在其花蕾含苞欲放时剪下瓶插观赏。因蜡梅花香浓郁，还可提取芳香油，做解暑生津之药，其味辛性温，微苦，主治热病烦渴、胸闷、咳嗽、烫火伤、咽喉肿痛等病。蜡梅的根、叶入药，有理气止痛、散寒解毒之功效，可治跌打、腰痛、风湿麻木、风寒感冒，刀伤出血等病症。蜡梅的花朵还可入菜，熏制茶叶，在冬季蜡梅花盛开时摘取刚刚开放

1 | 2
  | 3

1. 素心蜡梅
2. 磬口蜡梅
3. 狗牙蜡梅

蜡梅傲雪

的花朵或含苞欲放的花蕾，与绿茶一起泡饮，花香茶香沁人心脾，风味极佳，并有润喉利嗓之作用。此外，蜡梅的新芽嫩叶也可加工成茶叶。

养护 蜡梅原产我国中部，喜阳光充足的温暖环境，稍耐阴、耐寒、怕风。适宜在疏松肥沃、土层深厚、排水良好的中性或微酸性砂质土壤中生长。蜡梅耐旱怕涝，花谚中有"旱不死的蜡梅"的说法，平时浇水做到"不干不浇，浇则浇透"，雨季注意排水。花前及盛花期尤其要浇水适量，水大易落花落蕾，水少则花开得不整齐。花谢后施一次充分腐熟的有机肥，以补充开花所消耗的养分，并促进展叶。春季新叶萌发后至6月的生长季节，每10～15天施一次腐熟的饼肥水，以促发春梢，多形成开花枝，7～8月是花芽的分化期和新根生长旺盛期，可追施有机肥及磷钾肥，以使多形成花芽；秋后再施一次有机肥，以使花芽充实，有利于第二年开花。

蜡梅萌发力强，耐修剪，花谚有"蜡梅不缺枝"之说。可在花谢后至发芽前对植株进行修剪整形，先剪去病枯枝、交叉枝、过密枝、根部萌发的根蘗枝，对于所保留的枝条也要短截，促其萌发腋芽，形成更多的花枝，为翌年多开花打下良好的基础。

繁殖 可用播种、扦插、分株、压条、嫁接等方法。扦插虽然也能生根，但成活率较低；播种的实生苗则变异性较大，很难保持原品种的优良特性。因此，在实际应用中多用嫁接、分株和压条的方法繁殖。其中嫁接最为常用，通常以实生苗或狗牙梅作砧木，优良品种作接穗，以芽接、靠接、切接等方法进行。

那些相似的花儿：160种花卉的辨识养护

紫荆 & 洋紫荆

紫荆是北方常见的观赏花卉，而香港的区花叫紫荆花。其实二者并不是同一种植物，形态、习性有着很大差异。因此，为了区分两种紫荆，就把香港的区花称为"洋紫荆"。

紫荆 *Cercis chinensis*

也叫满条红、苏芳花、裸枝树。为豆科紫荆属落叶灌木或小乔木，树干直立丛生，树皮灰色，老树皮有纵裂；单叶互生，叶片近圆形，绿色。花先于叶开放，4～10朵簇生于老枝以及树干上，花冠蝶形，紫红色，有深浅的差异，花期3～4月。变种有白花紫荆。同属植物约有10种，见于栽培的还有巨紫荆（*C.*

gigantea）、黄山紫荆（*C. chingii*）、加拿大紫荆（*C. canadensis*）及变种红叶加拿大紫荆（*C. canadensis* 'Forest Pansy'）等。

紫荆树干挺直丛生，春季先于叶开花，盛开时密密匝匝，紧贴枝干，满树都是花，不仅枝条上能着花，而且老干，甚至接近根部的树干也能开花，给人以繁花似锦的感觉。适合栽种于庭院、道

紫荆

加拿大紫荆

1. 巨紫荆
2. 红叶加拿大紫荆
3. 白花紫荆
4. 黄山紫荆

1	2
3	4

路绿化带等处，也可盆栽观赏或制作盆景。除供观赏外，紫荆的皮、花、果都可入药，主治跌打损伤、蛇虫咬伤、血气疼痛、消肿止痛、祛瘀解毒、风寒湿痹等病症，种子则可做杀虫剂。

养护 紫荆原产我国，华北、西北、华南、西南各地均有分布，常生长在山地溪旁、路边及山林坡地等处。有着很强的适应性，喜阳光充足的环境，耐暑热，也耐寒、耐干旱，但怕积水，对土壤要求不严，能在瘠薄的土壤中生长，但在疏松肥沃、排水良好的砂质土壤中生长更好。适宜种植在高燥、阳光充足之处，低洼积水处、过于荫蔽处则不宜种植。

紫荆耐修剪，可在冬季落叶后至春季萌芽前剪除病虫枝、交叉枝、重叠枝。由于植株的老枝上也能开花，因此在修剪时不要将老枝剪得过多，否则势必影响开花量。紫荆的萌芽力较强，尤其是基部特别容易萌发蘖芽，应及时剪去这些蘖芽，以保持树形的优美。

繁殖 常用播种、分株、压条、扦插的方法，对于加拿大红叶紫荆等优良品种，还可用嫁接的方法繁殖。

那些相似的花儿：160种花卉的辨识养护

洋紫荆 *Bauhinia variegata*

别名羊蹄甲、宫粉羊蹄甲、紫荆花、红紫荆、红花紫荆、弯叶树。为豆科羊蹄甲属落叶乔木，树皮暗褐色，近光滑。叶近革质，广卵形至近圆形，先端2裂，呈羊蹄形。总状花序顶生或侧生，花大，萼片佛焰苞状，紫色或淡红色，杂以黄绿色或暗紫色斑纹，略有香味。荚果带状，扁平。全年开花，尤以3月最盛。变种有白花羊蹄甲。

洋紫荆花大而美丽，有芳香，花期长，生长速度快，在热带及亚热带地区有着广泛的种植。其树皮含单宁，根皮用水煎服可治消化不良。

养护 洋紫荆喜阳光充足、温暖湿润的环境，不耐寒，怕积水。适宜在土层深厚、排水良好的偏酸性砂质土壤中生长。生长期保持土壤湿润而不积水；每月施一次薄肥。洋紫荆的萌发力不是很强，可在花期结束后剪除干枯枝、病虫枝，以保持树形的优美。其耐寒性较差，北方宜在温室内栽培或盆栽观赏，温度最好保持10℃以上。

繁殖 可在3～4月剪取一年生健壮枝条扦插；也可用裂叶羊蹄甲、琼岛羊蹄甲作砧木，在4～5月或8～9月进行芽接。

洋紫荆

虎刺＆虎刺梅＆大叶虎刺＆大花假虎刺

在植物中有好几种都叫"虎刺"或者具有"虎刺"的别名，像虎刺、虎刺梅、大叶虎刺、大花假虎刺等，其形态各异，用途也各有不同，有的适合观叶，有的适合观果，有的适合观花，还有的适合做盆景，有的适合做庭院绿化植物。

虎刺 *Damnacanthus indicus*

又名伏牛花、寿庭木、寿星草。为茜草科虎刺属常绿小灌木，具链珠状肉质根，茎上部密集多回二叉分枝，节上托叶腋生，常有针状刺。叶卵形、心形或圆形，顶端尖锐，全缘，革质，有光泽。花冠白色，管状漏斗形，花期3～5月。核果近球形，成熟后红色，经冬不落，可观赏到第二年的3～4月。

虎刺株型不大，叶片清秀典雅，可盆栽观赏或制作盆景，也可将其植于山石之上，以小见大，颇有山林野趣之感。其肉质根入药，具有祛风利湿、活血止痛之功效。

养护 虎刺原产于我国长江流域以南，生长在山间、林中阴湿的地方。喜温暖湿润的半阴环境，不耐寒冷和干旱，怕烈日暴晒。生长期保持土壤、空气湿润，但不要积水，以免造成烂根。每半月施一次腐熟的稀薄液肥。虎刺生长缓慢，平时可进行小幅度修剪，剪除一些影响树形的枝条，以保持株型的美观。冬季及早春要避免强风吹，可移至室内光线明亮处，并节制浇水。每2～3年换盆一次，盆土宜用含腐殖质丰富、排水良好的酸性砂质土壤。

繁殖 常在春季结合换盆进行分株，也可用扦插或播种的方法繁殖，一般在4～5月进行。

虎刺

1	2
3	4

1. 虎刺梅
2. 重瓣虎刺梅
3. 虎刺梅
4. 虎刺梅

虎刺梅浑身是刺，一副凛然不可侵犯的样子，其玲珑的花苞有安静祥和的感觉。花语是倔强而又坚贞，温柔又忠诚，勇猛又不失儒雅

虎刺梅 *Euphorbia milii*

又名虎刺、铁海棠、老虎簕、麒麟花、花麒麟、麒麟刺。为大戟科大戟属多肉植物，植株呈小灌木状，茎表具坚硬的锥状刺；叶互生，通常生于新枝上部，叶片倒卵形或长圆状匙形，全缘。花序有长梗，花小，不显著，鲜艳的苞片是其主要观赏部位，苞片以鲜红色为主，其他还有黄、白、粉、绿、复色等多种颜色，在适宜的条件下，一年四季都可开花。虎刺梅的园艺种很多，常见的有大花虎刺梅、小基督虎刺梅、白花虎刺梅、塔城虎刺梅等品种。此外，还有缀化变异品种以及与喷炎龙、皱叶麒麟等大戟科大戟属植物的杂交种。近似种则有罗氏麒麟等。

虎刺梅品种繁多，花期长，耐旱性好，盆栽观赏，自然而富有野趣。但虎刺梅植株内的白色浆液有毒，应避免接触，否则会造成接触部位红肿，奇痒难忍。

养护　虎刺梅喜温暖湿润和阳光充足的环境，耐干旱，稍耐半阴，怕积水，不耐寒。生长期宜放在室外阳光充足处养护，这样可使植株多开花，而且苞片颜色鲜艳。生长期浇水掌握"不干不浇，浇则浇透"。每20天左右施一次腐熟的稀薄液肥或"低氮高磷钾"的复合肥。冬季控制浇水，能耐5℃甚至更低的温度，但叶片会陆续脱落，植株进入休眠期。

每隔1～2年的春季换盆一次，盆土宜用疏松肥沃、排水透气性良好的砂质土壤。

繁殖　以扦插为主，整个生长季节都可进行。也可通过人工授粉获取种子进行播种。对于优良品种，还可嫁接。

1. 虎刺梅 × 皱叶麒麟
2. 虎刺梅缀化
3. 小叶虎刺梅
4. 虎刺梅

| 1 | 2 |
| 3 | 4 |

那些相似的花儿：160 种花卉的辨识养护

大叶虎刺 *Pereskia aculeata*

中文正名叶仙人掌或木麒麟，别名虎刺。为仙人掌科叶仙人掌属（木麒麟属）多年生常绿植物，植株最初直立，以后逐渐成攀缘藤本植物，刺座有1~3个褐色短钩刺，叶质厚，卵形、宽卵圆形至椭圆状披针形，绿色，新叶带红晕。花簇生成圆锥花序或伞房花序，花白色。浆果淡黄色，倒卵球形或球形。

同属植物中的樱麒麟（*P. bleo*）、大花樱麒麟（*P. grandifolia*）等也常见栽培。

大叶虎刺常用作嫁接蟹爪兰、仙人指以及小型仙人球的砧木，在气候温暖的热带也可作垂直绿化材料，植于墙垣、篱笆、栅栏等处，任其攀缘。其嫩叶可作蔬菜，浆果酸甜可食。

养护 大叶虎刺是附生类仙人掌植物，喜温暖湿润和阳光充足的环境，不耐寒，耐半阴，有一定的耐旱性。适宜在含腐殖质丰富、疏松透气、排水透气性良好的土壤。生长期宜保持土壤湿润而不积水，长期干旱虽然不会死亡，但叶子脱落。生长期每月施肥1~2次。越冬温度宜保持5℃以上，并控制浇水，停止施肥。

繁殖 以扦插为主，也可播种。

大叶虎刺的叶

大叶虎刺的花

樱麒麟

大花樱麒麟

那些相似的花儿：160 种花卉的辨识养护

大花假虎刺 *Carissa macrocarpa*

又名美国樱桃、大花刺郎果。为夹竹桃科假虎刺属常绿灌木，树干黄褐色，多分枝，叶腋有对生的"丫"形硬刺。叶对生，厚革质，暗绿色，有光泽，叶片卵形至椭圆形；花白色，花冠高脚碟形，稍有清香，在适宜的条件下全年都可开放，尤其以春、夏季节为盛；浆果桃形，秋末成熟后为红色，有香气。同属中还有瓜子金、刺李、大花刺李、果李、毛叶果李等种类。

大花假虎刺四季常青，花大而芬芳，果实色彩娇艳，是花、叶、果、形俱佳的花木，可盆栽观赏或制作盆景，气候温暖地区也可植于庭院。果实可作果酱食用。

养护 大花假虎刺原产非洲南部，喜温暖湿润和阳光充足的环境，耐水涝，怕干旱，不耐寒，忌过于荫蔽。4～10月的生长期应保持土壤和空气湿润。每15～20天施一次腐熟的稀薄液肥或复合肥，为促进植株的开花结果，可向叶面喷施0.2%的磷酸二氢钾溶液数次。因其枝叶繁茂，栽培环境一定要有良好的通风，必要时可对枝叶进行修剪，以增加植株内部的通风透光。冬季移至室内光照充足的地方养护，控制浇水，5℃以上可安全越冬。

每年的春季换盆一次，盆土宜用含腐殖质丰富、疏松肥沃、排水透气性好的砂质土壤，并结合换盆对植株进行整形，剪去枯枝、病虫枝，将过长的枝条截短，以促发健壮的新枝。

繁殖 可用播种、扦插、压条等方法。

大花假虎刺的果

大花假虎刺的花

红果 & 红果仔

在一些花展或盆景展中，红果仔常被当做"红果"。而实际上红果是山里红的别名，为山楂的变种。与红果仔是两种完全不同的植物，外观上也很好区分。但因名称上有一字之差，常常被混淆。

红果 *Crataegus pinnatifida* var. *major*

即山里红，别名大山楂、棠棣。为蔷薇科山楂属植物落叶乔木，叶片宽卵形或三角状卵形、菱状卵形，先端短渐尖，通常两侧有羽状浅裂，叶缘有锯齿。伞房花序，小花白色。果实近球形或扁球形，深亮红色或橘红色、黄色，直径约2.5厘米。花期5~6月，果期9~10月。山里红的果实可鲜食、加工或做糖葫芦。

山里红的花

红保罗钝裂叶山楂

山里红是山楂的变种，在民间常称之为山楂或大山楂，二者都有"红果"的别名。主要区别是山楂的叶片较小，裂片较深，果实较小，1～1.5厘米。其果实味道酸甜可口，有消积化滞的作用，可鲜食，也可加工成山楂糕或山楂酱、山楂片、山楂丸等。

山楂属植物广泛分布于北半球，据资料描述有上千种，中国有17种。此外，还有一些园艺杂交种。其植株大小、叶片形状、大小、花型、花色，果实的大小都不尽相同，其中果实小者直径仅0.8厘米，大者达3～4厘米。而花色除白色外，还有淡粉、红色，花型除单瓣外，还有重瓣型，像钝裂叶山楂（*C. laevigata*）等。

养护 山里红喜阳光充足和温暖湿润的环境，耐干旱和寒冷，也耐贫瘠，稍耐阴，适宜在疏松肥沃、排水良好的微酸性砂质土壤中生长。平时浇水掌握"见干见湿"，秋季天凉后适当控制浇水。生长期每15天左右施一次腐熟的稀薄液肥，从萌芽到花期每隔10天向叶面喷施一次0.2%～0.3%的磷酸二氢钾溶液，育果期每15天施一次磷钾含量较高液肥。盆栽植株冬季在室外避风向阳处或冷室内越冬，注意补充水分，避免干冻，但也不宜积水。

平时注意对过密的枝叶疏剪，对于长势较旺的新梢，可在20厘米左右时，留4～6片叶摘心，以促生坐果的短枝。休眠期进行修剪整形，剪去细弱枝、过密枝以及扰乱树形的徒长枝，保留粗壮的中、短枝，回缩向外延伸的过长枝条，促使后部的枝条粗壮，并注意回缩树冠，剪除树冠上部的枝条，保留下部的枝条，将其培育成较矮的新树冠。

繁殖 通常用山楂作砧木，在春季以劈接、切接，夏秋季节以芽接的方法进行嫁接。

山里红的果

山楂的果

红果仔 *Eugenia uniflora*

别名巴西樱桃、番樱桃、毕当茄、巴西红果、棱果蒲桃。为桃金娘科番樱桃属常绿灌木或小乔木，树干光滑，新梢紫红或红褐色。叶片纸质，卵形至卵状披针形，两面有透明的腺点。花单生或数朵聚生于叶腋，花瓣白色，稍有芳香，一年可多次开花，浆果扁球形，具8条纵棱，成熟后橙红或红色。

红果仔除做观果植物栽培外，因其枝干苍劲虬曲，耐修剪，还可制作盆景，是岭南派盆景中的常用树种之一。其果肉多汁略带酸味，可供食用或制作软糖。

养护　红果仔原产巴西，喜温暖湿润的环境，在阳光充足处和半阴处都能正常生长，不耐干旱，也不耐寒；适宜在含腐殖质丰富、疏松肥沃、透气性良好的微酸性砂质土壤中生长。盆栽植株夏季高温时适当遮光，避免烈日暴晒；生长期除勤浇水外，还应经常向植株及周围环境喷水，以保持土壤和空气湿润。红果仔虽然喜肥，但却不喜浓肥，应薄肥勤施。冬季移入室内，控制浇水，5℃

红果仔枝干苍劲古雅，花色素雅清新，果实色彩鲜艳，形状奇特而富有趣味

红果仔的花　　　　　　　　　　　　红果仔（谢政翰 提供）

以上可安全越冬。8～9月是红果仔的花芽分化期，应适当控制浇水，增施磷钾肥，到了10月就会有花蕾出现，冬季注意保温，温度不可低于10℃，12月初部分老叶脱落，并陆续开花，花期浇水不要将水淋到花上，南方室外种植，要注意防雨，以免造成落花。当果子稳定后，应增加磷钾肥的用量，可每7天左右喷施一次0.2%的磷酸二氢钾溶液。到了2～3月，果实成熟，这是红果仔的最佳观赏期。如果冬季温度较低，红果仔的主花期会推迟到第二年的2～3月，5～6月果实才陆续成熟。

红果仔耐修剪，可根据不同的树形进行修剪整形，生长期随时抹去无用的芽，适时摘心，以保持株形的完美。观赏期过后，将残余的果子摘掉，对植株进行一次重剪，剪去细弱枝、病枝，将过长的枝条剪短，修剪后加强水肥管理，20天左右就会有新芽长出，当新芽长到15～20厘米时进行摘心，摘心后再次萌发的枝条应摘除顶芽，以促使秋芽短细，形成花枝，从而达到多开花、多结果的目的。

每2年左右的春季换盆一次，盆土可用腐殖土5份、园土3份、沙土2份混合配制，并掺入少量的过磷酸钙、骨粉等磷钾肥。

繁殖　播种或扦插（包括根插、枝插）。

百日红 & 千日红

　　百日红与千日红虽然只有一字之差，但在却是两种完全不同的植物，不论形态还是习性都有着很大的差别。

百日红 *Lagerstroemia indica*

　　即紫薇，别名痒痒树、无皮树。为千屈菜科紫薇属落叶灌木或小乔木，树皮灰色或灰褐色，因片状剥落而变得光滑，枝干扭曲，小枝纤细；单叶互生或对生，叶片纸质，椭圆形、矩圆形或倒卵形，全缘。圆锥花序顶生，花朵密集，花色有紫、粉红、白等，有些品种还有镶边。花期很长，可从6月一直开到10底。蒴果椭圆状球形或阔椭圆形。

　　紫薇的品种主要有开红色花的赤薇；

紫薇

1	2
3	4

1. 复色紫薇
2. 赤薇
3. 翠薇
4. 银薇

白色花的银薇；淡紫色花的翠薇等。此外，还有从日本引进的姬紫薇（别名姬百日红、日本矮紫薇、矮紫薇），其株形矮小而紧凑，叶片小而稠密，适合作盆景或盆栽观赏，也可作为地被植物种植于庭院。

紫薇花期长，花色艳丽，可做盆栽观赏或制作盆景，也可植于庭院观赏。其木质坚硬，耐腐，可作农具、家具或建筑之用；树皮、花及叶为强泄剂，根和树皮煎剂可治咳血、吐血、便血等。

养护 紫薇喜温暖湿润和阳光充足的环境，耐半阴、干旱和寒冷，怕涝。盆栽植物生长期可放在室外阳光充足处养护，浇水做到"见干见湿"，避免盆土积水，夏季高温时因植株蒸发量大，除正常浇水外，还要向植株喷水，以增加空气湿度，防止叶片边缘干焦，雨季注意排水防涝；每10～15天施一次腐熟的稀薄液肥，因是观花植物，施肥时可适当多施些磷肥，以促进开花。

冬季落叶后对植株进行一次整形，剪去多余的枝及病枝、枯枝、交叉枝，

姬紫薇

将过长的枝条剪短，每枝只留3~5厘米长。5月进行一次摘心，花后将残花序剪掉，并将开过花的枝条短截，以促使分枝，达到多开花的目的。由于紫薇萌发力强，生长期要及时除去树干萌发的枝芽及其他影响树形的新枝，以免植株因结果消耗过多的养分，影响下轮开花。每2~3年春季萌芽前翻盆一次，盆土宜用肥沃疏松、排水透气性良好的砂质土壤，忌用黏重土。

繁殖 可用播种、扦插、压条、分株、嫁接等方法。

千日红 *Gomphrena globosa*

别名火球花。为苋科千日红属一年生草本植物，茎粗壮，有分枝。叶片纸质，长椭圆形或矩圆倒卵形，顶端急尖或圆钝，叶缘波状。球形或矩圆形头状花序顶生，小花多数，密生，小苞片紫红色或淡紫色、白色，色彩鲜艳，似花朵，而真正的花很小，埋藏在苞片中间，非常不起眼。胞果近球形，种子棕色，花果期6～9月。

千日红原产美洲热带，在我国各地有着广泛的栽培，常植于庭院，也可盆栽观赏，苞片干燥后长期不褪色，可制作干花。花序入药，有止咳定喘、清肝明目的功效，并可泡茶饮用。

养护　千日红喜温暖干燥的环境，有一定的耐旱性，不耐寒，怕积水，适宜在疏松肥沃的砂质土壤中生长。生长期每天需要至少4个小时的直射阳光，否则会因光照不足，使得植株生长缓慢，花色黯淡。平时保持土壤微湿状态，避免水大，但花芽分化后可适量增加浇水量，以利于花序的生长。每15天左右施一次以磷钾为主的稀薄液肥。当苗高15厘米时进行摘心，以促进侧枝的萌发，达到多开花的目的。花后应及时修剪，使之再度抽枝开花。

繁殖　可在4～5月播种；也可在6～7月剪取健壮的枝梢进行扦插。

千日红花序干燥后仍不褪色，能够保持鲜艳的色彩，故花语为"不灭的爱"

绣球 & 圆锥绣球 & 木绣球

绣球，是我国传统的吉祥物，象征着吉祥圆满。在植物中，也有不少以"绣球"命名的种类，这些"绣球"花有一个共同的特点：单朵花并不大，但由众多小花组成的硕大花序就非常壮观了，花序呈球状或近似球状，盛开之时给人以圆圆满满、花团锦簇的感觉，非常惹人喜爱。

绣球 *Hydrangea macrophylla*

又名绣球花、大花绣球、八仙花、紫阳花、粉团花。为虎耳草科绣球属常绿灌木，茎常于基部发出多数放射枝，形成一圆形灌木丛。叶纸质或近革质，倒卵形或阔椭圆形，边缘有粗锯齿。伞房状聚伞花序近球形，直径8～20厘米或更大，花密集，多数不育，孕性花极少，花色有白、绿、蓝、粉、紫红等多种，花型单瓣或重瓣。自然花期5～10月，在人工环境中，也可在其他季节开花。

绣球的品种丰富，有无尽夏、雪球、纱织小姐、法国绣球、蝴蝶、德国八仙花、奥塔克萨、魔幻革命、雷古拉、粉色佳人、蒂沃利、大绣球花、紫茎绣球花、蓝边绣球花、银边绣球花、塞布丽娜、莱昂、灵感、爱莎、魔幻翡翠、魔幻珊瑚、魔幻水晶、花手鞠、万华镜、精灵、帝沃利、薄荷、花宝、太阳神殿、银河、舞孔雀等。其中魔幻革命、亲爱

的、纱织小姐、夏洛特公主等品种株型紧凑，适合盆栽观赏。变种则有山绣球（*H. macrophylla* var. *normalis*）等。

有些品种的绣球花色会随着土壤的酸碱度而改变，像无尽夏等品种的花在微酸性土壤中呈蓝色，在碱性土壤中则为粉红色，在中性土壤中为紫色。此外，花的颜色还跟光照强度、开放时间有一定的关系，刚开放时一般呈白色或淡绿色，以后随着每朵花开放的时间有先有后，往往在一棵植物上，能看到好几种颜色的花，甚至还可以看到奇妙的变色过程。可栽植于光照条件不是很好的庭院或林下，也可盆栽陈设于室内。

养护 绣球喜温暖湿润的半阴环境，稍耐阴，怕烈日暴晒，4～10月的生长季节保持土壤湿润而不积水，雨季注意排水，以免因土壤积水而烂根，空气干燥时注意向植株喷水。夏季适当遮阴，

避免烈日暴晒。绣球喜肥，春季修剪后可施肥复合肥，以后每1~2周施一次肥，以提供充足的养分，促使新枝的萌发及花芽的形成。绣球的修剪应结合品种的不同进行，像无尽夏、佳澄、雪舞等品种老枝、新枝均可开花，其修剪目的主要是控制株型，促进分枝，更新枝条，可剪去杂乱、影响美观的枝条。而花手鞠等品种只能在新枝上开花，花谢后也要将枝条剪短，以促进新枝的生长，使其再度开花。绣球有着较强的耐寒性，有些品种能耐−10℃的低温，对于大多数品种，越冬温度最好保持0~5℃，温度过低易受冻害，过高则会使植株提前发芽，影响翌年的生长。

盆栽绣球可在春季翻盆，虽然对盆土要求不严，但在含腐殖质丰富、肥沃疏松且排水良好的土壤中生长最好。

繁殖 可在初夏用嫩枝扦插；也可在生长季节进行高空压条繁殖；或春季萌芽前分株。

无尽夏。绣球花语为团聚。不同的花色有不同的含义，白色象征着希望，不畏艰难险阻，并有纯洁、优雅、丰富以及吹嘘等含义；粉红色有浪漫与美满之意；蓝色看上去冰冷、忧郁，有冷漠、请求宽恕、表示遗憾之意；紫色有"永恒"和团聚之意，并象征着丰富和财富

1.绣球

2.绣球

3.绣球

4.山绣球

5.绣球景观

1	2
3	4
5	

圆锥绣球 *Hydrangea paniculata*

又名大花圆锥绣球、轮叶绣球、大花水桠木、圆锥八仙花。为虎耳草科绣球属落叶灌木或小乔木，树皮暗红褐色或灰褐色，叶纸质，卵形或椭圆形，先端渐尖或急尖。圆锥状聚伞花序尖塔形，花色有白、红、粉红、黄、淡绿等。不孕花初为白色，后变粉绿、粉红或黄色，花期7~8月，果期10~11月。园艺种有草莓冰淇淋、魔幻月光、魔幻蜡烛、石灰灯、北极熊、烛光、胭脂扣、胭脂钻、活力青柠、香草草莓、粉色精灵、霹雳贝贝、夏日美人、花园蕾丝等。

圆锥绣球株形丰满，花色清雅，花期恰逢少花的夏季。可成片种植于宅旁、庭院、路边等处，也可盆栽观赏或将花序剪下，瓶插观赏，其白花满枝，如同覆雪，在炎热的夏季给人以清爽之感。

养护　圆锥绣球喜温暖湿润的半阴环境，不耐旱，也不耐寒，喜肥，适宜在排水良好的砂质土壤中生长。生长期宜保持土壤湿润，但不要积水。每15天左右施肥一次，春季以氮肥为主，6~7月以磷钾肥为主，以促进开花，9月以后停止施肥。圆锥绣球萌发力强，且花多开在嫩枝上，可在春季萌芽前进行重剪，以控制植株高度，有利于开花。

繁殖　通常用扦插、压条、分株的方法繁殖。

圆锥绣球花序硕大而素雅，在炎热的夏季给人以清爽之感

名相近　　　　　　　　　　　　　　033

木绣球 *Viburnum macrocephalum*

中文正名绣球荚蒾，别名大绣球、斗球。为忍冬科荚蒾属落叶或半常绿灌木，叶纸质，卵形至椭圆形或卵状矩圆形，叶缘有小锯齿。大型聚伞花序呈球状，几乎全部由不孕花组成，花冠白色，辐射状。花期根据各地气候的不同在4～6月陆续开放。

木绣球花色洁白素雅，开花时满树白花犹如积雪压枝，高洁雅素，在绿叶的衬托下格外美丽。可孤植或片植于林缘路旁、房前屋后、窗下墙侧等处，都具有较好的景观效果。

木绣球的变种琼花也有"木绣球"的别名。琼花，因隋炀帝杨广下扬州观赏琼花而驰名天下，故也称"扬州琼花"，为扬州的市花。此外还有聚八仙、蝴蝶花等别名，枝暗红色或红褐色。聚伞花序生于枝端，花色洁白如玉，周边为萼片发育成的不孕花，中间为双性小花。4～5月间开花，10～11月果实成熟后呈鲜红色。琼花是我国特有的名花，它以淡雅独特的风韵以及种种富有传奇浪漫色彩的传说和逸闻逸事，博得了世人的厚爱，被称为"稀世的奇花异卉""中国独特的仙花"。

荚蒾属植物约有200种，分布于温带和亚热带地区。被称为绣球的还有粉团绣球（*V. plicatum*）、荚蒾绣球（别名绣球荚蒾，*V. macrocephalum*）、欧洲绣球（中文正名欧洲荚蒾、欧洲琼

木绣球

那些相似的花儿：160 种花卉的辨识养护

花、欧洲木绣球，*V. opulus*）、天目琼花（中文正名鸡树条，*V. opulus* subsp. *calvescens*）以及乔木绣球等。此外，还有不少的园艺品种。

养护　木绣球为园艺种，喜阳光充足的环境，略耐阴，耐干旱，也耐寒，其适应性强，对土壤要求不严，但在肥沃湿润的土壤中生长更好。其平时管理较为粗放，天旱时注意浇水，每年的早春在根际周围开沟施一次肥，即可生长旺盛，年年开花。春季萌芽前进行一次修剪，剪去枯死、过密、交叉或其他影响树形的枝条，以保持株形的美观。

繁殖　因本种多为不孕花，难以结种子，繁殖可用无性的方法，可在春季或秋季扦插，也可在春季进行压条或分株。

天目琼花

琼花

夜来香&夜香树&月见草

夜来香、夜香树、月见草虽然形态差异较大，但都因夜间开花，并具有芳香气味而被称为夜来香。

夜来香 *Telosma cordata*

别名夜香花、夜兰香。为萝藦科夜来香属柔弱藤本小灌木，叶膜质，卵状长圆形至宽卵形。伞状聚伞花序腋生，着花达30多朵，花冠黄绿色，高脚碟状，花期5~8月，极少结果。

夜来香气味芬芳，可盆栽观赏或植于庭院，花叶可药用，有清肝明目、去翳之效，华南民间常用作治结膜炎、疳积上眼症等。

养护 夜来香原产我国的华南地区，喜温暖湿润和阳光充足的环境，耐干旱和瘠薄，不耐涝，怕积水，也不耐寒，适宜在疏松肥沃、排水良好的土壤中生长。生长期保持土壤湿润而不积水，薄肥勤施。注意修剪，以促发侧枝，使之多开花。冬季移入室内，最好保持10℃以上。

繁殖 可在生长季节进行压条、分株、扦插。

夜来香

夜来香的果

夜香树，通常被称为夜来香，其香味浓烈刺激，盛开于夜晚，花语是"危险的浪漫""自由独立""反叛空想"，又因其花色清素，故又有"纯洁的心""幸福美满"的含义

夜香树 *Cestrum nocturnum*

别名夜丁香、夜香花、夜光花、木本夜来香、夜来香、洋素馨。为茄科夜香树属常绿直立或攀缘灌木，枝条细长而下垂，叶矩圆状卵形或矩圆状披针形。伞房式聚伞花序，腋生或顶生，花量极多，花绿白色或黄绿色，夜晚极香。浆果矩圆形，白色。

夜香树花色素雅，香味浓郁，花期长，并有一定的驱蚊作用，可盆栽观赏，温暖地区也可植于庭院。需要指出的是，夜香树的香味，长时间闻，会引起头晕、恶心、呕吐、呼吸困难等症状，因此不可在室内长时间摆放。

养护 夜香树原产南美洲，喜温暖湿润和阳光充足、通风良好的环境，其适应性强，但不耐寒，怕积水。在疏松肥沃、排水良好、含腐殖质丰富的微酸性土壤中生长良好。生长期保持土壤湿润而不积水；每月施薄肥 1～2 次。花谢后进行重剪，以促发新枝，使之再度开花。冬季移入室内，最好维持 5℃以上的室温，并控制浇水，也不要施肥。

繁殖 扦插或分株、压条。

1. 美丽月见草
2. 月见草
3. 美丽月见草

$1\begin{array}{|c}2\\\hline3\end{array}$

月见草 *Oenothera biennis*

别名夜来香、晚樱草、待宵草、山芝麻、野芝麻。为柳叶菜科月见草属二年生草本植物，常作一年生草花栽培。基生莲座叶丛紧贴地面生长，基生叶倒披针形，边缘有不整齐的浅钝齿，茎生叶椭圆形至倒披针形。穗状花序，花黄色或淡黄色，通常夜晚绽放，白昼闭合，花期夏秋季节。蒴果锥状圆柱形，有明显的棱。

同属中见于栽培的还有美丽月见草（*O. speciosa*），也叫夜来香、粉晚樱草、粉花月见草，具粗大的主根，茎丛生，花杯盏状，粉红色，能够在白天开放。

月见草花色明媚，可植于庭院或盆栽观赏。其根入药，有祛风湿、强筋骨的功能；花可提取芳香油；茎皮纤维可制绳。种子含油量达25.1%，可榨油食用或药用。

养护 月见草原产北美洲，喜温暖湿润和阳光充足的环境，适应性较强，耐寒冷和干旱，也耐瘠薄，但怕积水，适宜在肥沃、疏松的土壤中生长。

繁殖 可在春季或秋季播种，也可在生长季节扦插。

金银花＆金银木

在植物中，有不少以"金银"命名的物种，金银花与金银木就是其中较为常见的两种，二者皆因花朵先白后黄而得名。

金银花 *Lonicera japonica*

中文正名忍冬，别名金银藤、二色花藤。为忍冬科忍冬属常绿或半常绿灌木，幼枝密生黄褐色糙毛，老枝有片状剥落。叶纸质，卵形至矩圆状卵形，有时卵状披针形。总花梗通常生于小枝上部的叶腋，花萼筒状，花冠漏斗形，裂片5，初开时呈白色，后为黄色，有芳香，花期4～6月（秋季亦常开）。果实圆球形，10～11月成熟后呈蓝黑色。变种红白忍冬，也叫红金银花。幼枝紫黑色，幼叶带紫红色，花冠外面淡紫红色，内面白色，以后逐渐变成黄色。

金银花

盆栽金银花

红白忍冬

金银花藤蔓缠绕，花色黄白相间，适于篱墙、栏杆、花架、阳台等处的垂直绿化。还可盆栽观赏或制作盆景。花蕾、茎、枝、叶均可入药，性甘寒，有清热解毒、消炎退肿、清血化湿等功效；花蕾暑期代茶饮用，可清热解暑。中药"银翘解毒丸"中的"银"就是金银花，"翘"则为连翘。双黄连的主要成分则是金银花、连翘与黄芩。

养护　金银花喜阳光充足和温暖湿润的环境，也有一定的耐阴性，耐寒冷，稍耐旱，对土壤要求不严，但在肥沃湿润、土层深厚的砂质土壤中生长最好。生长期保持土壤湿润而不积水，干旱炎热季节应及时浇水，并经常向叶面喷水，以增加空气湿度。3月下旬至4月上旬施一次腐熟的有机液肥，以有利于初夏的

开花，现蕾后施1~2次0.2%的磷酸二氢钾溶液，为开花提供充足的养分，以延长花期，生长期每15天左右施一次腐熟的稀薄有机液肥。

金银花萌发力强，耐修剪。每年的12月至翌年的1月是金银花新叶老叶交替之际，可将那些杂乱交叉、细弱、病枯以及影响树型的枝条一并剪除，将过长的枝条剪短，以保持植株内部的通风透光，避免发生煤烟病和滋生蚜虫。在5月的盛花期过后，要及时修剪，这样到7~8月就会再度开花。如果是做药用或茶饮，最好采摘尚未绽放的花蕾，切不可等花朵完全开放后采摘，否则势必影响药效。

繁殖　可采用扦插、压条、分株、播种等方法进行繁殖。

金银木 *Lonicera maackii*

中文正名金银忍冬，别名鸡骨头、王八骨头。为忍冬科忍冬属落叶灌木，小枝中空，幼时微有毛，叶对生，叶片卵形至卵状披针形。花成对生于叶腋，花冠二唇，花色先白后黄，雄蕊5，不外露。具芳香，花期4～5月。浆果红色，可宿存到第二年春季。变种红花金银忍冬，花冠、小苞片和幼叶均带淡紫红色。

金银木初春季节嫩绿的新叶与遒劲的树干对比强烈；暮春季节花色黄白相间，芬芳浓郁；秋冬季节则红果满枝，晶莹可爱，而且还为鸟类提供了很好的食物，是重要的招鸟植物。在园林中，常丛植于草坪、山坡、林缘、路边或点缀于建筑周围，也可盆栽观赏或制作盆景，还可将果枝剪下，用于插花作品的制作。

养护 金银木原产我国的东北等地，有着较强的适应性，喜阳光充足的环境，但也有一定的耐阴性，耐寒冷和干旱，对土壤要求不严，但在疏松、肥沃的中性砂壤土中生长更好。一般在春季移栽，栽种时施以腐熟的有机肥作基肥。根据长势，每2～3年在植株根系周围开沟施一次基肥，从春季萌动至开花灌水3～4次，夏季干旱时也要注意浇水，每年的入冬前浇一次封冻水，即可正常生长，年年开花不断。修剪整形在秋季落叶后进行，剪除杂乱的过密枝、交叉枝以及弱枝、病虫枝、徒长枝，并注意调整枝条的分布，以保持树形的美观。

繁殖 繁殖可用播种、压条、扦插、分株等方法。

金银木的果实

金银木的花

金钱树 & 金钱木

植物中有不少以金钱命名的种类，像金钱树、金钱木、金钱松、金钱槭等，其中金钱树、金钱木等较为适合家庭栽培。

金钱树 *Zamioculcas zamiifolia*

别名雪铁芋、金币树、泽米叶天南星。为天南星科雪铁芋属多年生常绿草本植物，地下有肥大的浅黄褐色块状茎；羽状复叶自块茎顶端抽生，叶轴肉质，基部膨大，每个叶轴有对生或近似对生的小叶 6～10 对，叶片卵形，先端急尖，全缘，厚革质，绿色，有金属光泽。佛焰花苞绿色，船形，肉穗花序较短。

金钱树的叶片排列整齐，叶质厚实，叶色碧绿光亮，适宜栽种于精美的紫砂盆或瓷盆中，装饰居室、厅堂等处。此外，还可数株合栽，甚至与其他习性相近的植物合栽，做成组合盆栽。

养护 金钱树原产非洲东部的坦桑尼亚，喜温暖、稍微干燥的半阴环境，耐干旱，忌强光暴晒，稍耐阴，怕寒冷和盆土积水。金钱树对光线要求不是太严，可长期放在室内陈列观赏，但新叶抽生时不能过分阴暗，否则会导致新抽的嫩叶细长，小叶间距离稀疏，造成株型松散不紧凑，影响观赏。夏季防

金钱树，有肥大的块根

金钱树的花。金钱树花语为"招财进宝，荣华富贵"

止烈日暴晒，避免新抽的嫩叶被强光灼伤。生长期浇水做到"不干不浇，浇则浇透"，偶尔浇过量的水也不要紧，但盆土不宜长期积水，否则会造成地下的块状茎腐烂。每月施一次腐熟的稀薄液肥，并在肥液中加入少量的硫酸亚铁，以防叶片出现生理性黄化，也可向叶面喷施0.2%的尿素加0.1%磷酸二氢钾的混合溶液。当气温下降到15℃以下时，要停止一切形式的施肥。冬季移到室内光线明亮的地方，维持10℃左右的室温，不要浇太多的水，也不要施肥，以免在低温条件下，因土壤过湿引起根系腐烂，严重时甚至全株死亡。

每2年左右翻盆一次，一般在春季或初夏进行，盆土要求具有良好的排水透气性，可用泥炭、粗砂或珍珠岩、炉渣加少量的园土混匀，加少量的缓性肥料，并将pH调到6～6.5，使其呈微酸状态。

繁殖 金钱树的繁殖可在春季进行分株。也可利用金钱树块茎带有潜伏芽的特点，将大的单个块茎分切成带有2～3个潜伏芽的小块，晾1天等伤口干燥后栽于呈半湿状态的细沙或蛭石中，等其长成独立的植株后再上盆。扦插也是金钱树常用的繁殖方法，插穗可用单个的小叶片、单独的叶轴、一段叶轴加带2个叶片，扦插介质可用细沙或泥炭土，插后介质不要过湿，保持其稍有潮气，在25℃左右的条件下，很容易生根成苗。

名相近

金钱木 *Portulaca molokiniensis*

别名云叶、金铖木。为马齿苋科马齿苋属多肉植物，植株丛生，分枝少，肉质茎灰色，直立生长，表皮略有龟裂。肉质叶圆形，质厚，着生于茎的顶端。花黄色，清晨开放，夜晚闭合，花期夏秋季节。

金钱木株型不大，花色明媚，耐旱性好，可作小型盆栽，或与其他种类的多肉植物作组合盆栽。

养护 金钱木原产非洲热带。喜温暖干燥和阳光充足的环境，耐半阴，怕积水和阴湿。春、秋季节的生长期给予充足的光照，保持盆土湿润而不积水。夏季高温时植株处于休眠或半休眠状态，应控制浇水，否则会引起叶片脱落或萎缩。冬季置于室内光照充足之处，最好能保持10℃以上。翻盆在春季或秋季，盆土要求疏松肥沃、具有良好的排水透气性，并有一定的颗粒度。

繁殖 在生长季节进行分株或扦插。

金钱木青翠的肉质叶聚拢在枝头，花语有"聚财和财源滚滚"之意

金钱木的花

观音莲&观音莲

人有同名，植物也有同名现象，像观音莲就有两种。二者科属不同，形态不同，习性也有很大差异。

观音莲 *Alocasia* 'Amazonica'

又名黑叶观音莲、美叶芋。为天南星科海芋属多年生草本植物，植株丛生，茎短缩，茎上有叶4~6片，叶箭状盾形，叶脉银白色，叶缘也有一圈银白色环线，叶色墨绿，有光泽。

同属中的相似种还有箭叶观音莲（*A.longiloba*）、亮叶观音莲（*A.macrorrhizos* 'Metallica'）、龟甲观音莲（*A.cuprea*）等，其共同特点是叶色较深，叶脉呈银白色，将叶面分割成龟甲状。观音莲株形美观，叶色独特，盆栽点缀客厅、书房和窗台，典雅豪华。除用传统的泥土栽培外，还可作无土栽培或水培观赏，清洁典雅，卫生干净。

海芋属中不少植物都有一定的毒性，像俗称"滴水观音"的海芋（*A. odora*）、

箭叶海芋

龟甲芋

热亚海芋（*A.macrorrhizos*）、尖尾芋（*A. cucullata*）以及大野芋（*Colocasia gigantea*，芋属植物）等植物的根茎就有较大的毒性，每年都有误食"滴水观音"而发生中毒的报道，因此平时要小心谨慎，切不可误食，皮肤接触其汁液的话，也要尽快清洗干净。

养护 观音莲喜温暖湿润的半阴环境，耐水湿，对干旱有一定的抗性，不耐寒。平时可放在光线明亮又无直射阳光处养护，避免烈日暴晒和长期荫蔽。生长季节保持盆土湿润，如果盆土干燥会导致叶片萎蔫下垂，但浇水后会很快恢复原状；空气干燥时可经常向叶面洒水，使叶片硕大肥美。5～9月的生长旺季每半月施一次腐熟的稀薄液肥或复合肥。冬季在室内光照处养护，控制浇水，最好维持16～22℃的温度，如果低于15℃植株就会停止生长，低于7℃叶片就会枯萎。观音莲叶片大而薄，数量也不多。如果平时不注意保护，很容易破损，因此，栽培中应注意保护叶片，勿使其破损。此外，观音莲对光线较为敏感，可经常转动花盆，使每枚叶片生长位置合理，以增加美观。

每年的春季翻盆一次，盆土要求疏松肥沃，含腐殖质丰富，可用腐叶土、泥炭土加少量的蛭石或沙土混合配制。

繁殖 多用分株的方法繁殖，一般在4～5月结合换盆进行。

黑叶观音莲。观音莲的花语有"纯洁、幸福"之意，象征着圣法虔诚，永结同心，吉祥如意

观音莲 *Sempervivum tectorum*

又名观音座莲、佛座莲、平和、长生草。为景天科长生草属多肉植物，植株具莲座状叶盘，其种类很多，叶盘直径从3厘米至15厘米都有，肉质叶，叶色依品种的不同，有灰绿、深绿、黄绿、红褐等色，叶顶端的尖呈绿色、红色或紫色，比较常见的是叶尖呈紫色的品种，叶缘具细密的锯齿。生长良好的植株在大莲座周围会萌发一圈小莲座。

长生草属植物在非洲北部、欧洲、美洲及亚洲都有分布，约有40个原始种，并有着丰富的变种和栽培品种，见于栽培的有观音莲、卷绢、蛛丝卷绢、紫牡丹、羊绒草莓、凌缨、百惠等，其株型酷似莲座，叶色丰富美观，可盆栽观赏或制作组合盆栽，因其耐旱性良好，能够在一定时间内离土存活，还可植于山石或枯木、树根上，以表现大自然野趣；也可作花束或案头陈设。

养护 观音莲喜阳光充足和凉爽干燥的环境，夏季高温和冬季寒冷时植株都处于休眠状态。气候较为凉爽的春、秋季节是其主要生长期，要求有充足的阳光，如果光照不足会导致株型松散，

1. 紫牡丹
2. 紫牡丹缀化
3. 观音莲

1.羊绒草莓

2.观音莲

3.蛛网长生草

4.观音莲组合

1	2
3	4

不紧凑，影响观赏。浇水掌握"不干不浇，浇则浇透"。每20天左右施一次腐熟的稀薄液肥或低氮高磷钾的复合肥。冬季控制浇水，使植株休眠，可耐0℃甚至更低的低温。夏季植株休眠，应避免烈日暴晒，注意通风，控制浇水，保持土壤干燥。

每1～2年的春季或秋季翻盆一次，盆土要求疏松肥沃、具有良好的排水透气性，可用腐叶土或草炭土、粗砂或蛭石各一半，并掺入少量的骨粉等钙质材料，混匀后使用。

繁殖 可在生长季节分株或扦插，也可播种。

佛手柑 & 佛手掌

佛手，因谐音"福寿"，而被认为是多福多寿的象征，在花卉中有两种都叫"佛手"，一种是以观果为主的佛手柑，一种是以观花为主的佛手掌。

佛手柑 *Citrus medica* 'Fingered'

又名佛手、金佛手、五指柑，是香橼的变种。为芸香科柑橘属常绿灌木或小乔木，幼枝绿色，具刺；叶片椭圆形或倒卵状矩圆形，先端钝，边缘有波状锯齿。花单生或簇生，总状花序，花冠5瓣，花色以白色为主，有时带有紫晕。

其原种香橼果实呈椭圆形、近圆形或两头狭的纺锤形，而佛手柑的果实为手指状肉条，果皮甚厚，通常无种子，其形状奇特似手，凡握指合拳的称"拳佛手"，而伸指开展者为"开佛手"，成熟后呈金黄色，表皮发皱，有凸起的油泡，

佛手柑谐音"福寿"，有着健康、长寿、吉祥、幸运之寓意

拳佛手

具浓郁的芳香。全年可多次开花，果熟期10~12月，成熟后可长时间保留在植株上。

佛手柑的果实形状奇特，金黄明媚，并散发出浓郁的芳香，可盆栽陈列于厅堂、阳台、小院等处，还可将果实摘下，盛于钵盘之中，摆放于案头、几架等处欣赏，芳香满室，令人心旷神怡。其叶、花、果可泡茶、泡酒，具有舒筋活血的功能，果实可理气健脾，平肝和胃，止呕，并有迅速降血压的功效。

养护 佛手柑喜温暖湿润和阳光充足的环境，不耐寒，在气候较为寒冷的北方地区常作盆栽观赏，一般在霜降前后入房，入房后放在室内阳光充足处，最好保持5~10℃的室温，温度过高会使植株提前发芽，对第二年的生长不利，而低于3℃，植株则易受冻害。冬季不要施肥，可每3~5天浇一次水，以保持土壤半干为佳。生长季节保持土壤和空气湿润而不积水，雨季应及时排水，防止因盆土积水导致烂根。此外，浇水还应掌握"干花湿果"，即花期少浇，果实膨大期多浇。生长期每周施一次腐熟的稀薄饼肥液，若遇多雨的连阴天，不宜用液肥，可在盆中埋入适量腐熟的饼肥。在6月开花坐果的早期，要严格控制氮肥，增施磷肥，以达到促花保果的目的。7月下旬至9月下旬为果实的生长期，每10天左右施一次以磷钾为主且含有钙、氮等元素的复合肥，以促进果实的生长和着色充分。10月果实成熟后，为使果实久挂枝头不落和树势的恢复，可少量多次，在盆土不同的位置埋入腐熟的饼肥。每1~2年的早春翻盆一次，盆土宜用疏松肥沃、透气性良好的微酸性砂质土壤。

春季在温室里佛手柑会萌发一些细弱的枝条，特点是叶片大而薄、色浅，可在出房前（一般在4月初出房）将其剪除，但对树形有补空作用的枝条应予以保留，并加强培养。夏季温度高，湿度大，且营养充足（特别是氮肥）时，会抽生大量节间细长、组织不充实、无花蕾的枝条，除个别枝条外，应将其全部剪除，以免与花果争夺养分；并剪去5片叶以上没有花的枝条以及横生枝、病虫枝、剪口处的丛生枝等，以集中养分，满足花果生长的需要。对于某些多年不结果的树或枝，也要进行一次强剪，保留基部3~4个芽眼，以促使萌发新枝结

果。立秋后适当剪去生长细弱和发育不良的枝条，多保留秋梢，为下一年坐果打下良好的基础。

佛手柑一年中可多次开花，春花着生在枝条顶部，簇生而稠密，多为单性花，坐果率低，应全部摘除。进入6月后，植株进入生长旺盛期，花芽发育充分，花多为两性花，坐果率高，但为使果实营养充足、分布得当，也应适当疏去内膛花、并生花。进入8月以后，一些枝条还会陆续开花，可根据树势和夏果的位置适当保留，使果实分布均匀。

繁殖 佛手柑的繁殖可用枸橘、香橼、代代、柠檬等习性强健、有着较强抗寒性的柑橘属植物作砧木，以靠接或切接的方法进行嫁接；也可在生长季节进行高空压条、4~6月或梅雨季节进行扦插繁殖。

佛手柑的幼果（左）
佛手柑的花（右）

佛手掌 *Glottiphyllum longum*

也叫长舌叶花、宝绿、绿舌头。为番杏科舌叶花属（宝绿属）多肉植物，茎短或无，肉质叶狭长，舌状，草绿色，平滑而有光泽，叶端略向外翻转，使得整个植株看起来就像一个绿色佛手。花黄色，具短梗，晚秋至翌年春季开放。同属中的舌叶花（*G. linguiforme*）、矮宝绿（别名矮舌叶花，*G. depressum*）等与本种形态近似，常被称为佛手掌或宝绿。此外，该属的新妖（*G. peersii*）等种类也见于栽培。

佛手掌翠绿的叶子润泽光亮，犹如涂上了一层蜡，晶莹玉润，金黄色的花朵明媚灿烂，灼灼耀眼，适合盆栽观赏或做吊盆，装饰阳台、窗台、厅堂，清丽雅致，很有特色。

养护 佛手掌喜欢温暖干燥和阳光充足的环境，耐干旱和半阴，怕积水，不耐寒，也怕高温酷热。夏天高温时植株处于休眠或半休眠状态，可放在通风良好又无直射阳光处养护，控制浇水，以免因高温、闷热、潮湿引起植株腐烂。秋季至翌年的初夏，是植株的生长期，可放在阳光充足处养护，浇水掌握"不干不浇，浇则浇透"，盆土积水和长期干旱，都不利于植物生长。冬季置于室内阳光充足的地方，温度最好能保持10℃以上，如果温度低于5℃，植株虽然不会死亡，但很难开花。春天或者秋天进行换盆，盆土要求疏松肥沃、具有良好的排水透气性。

繁殖 播种或分株，扦插则需带有一段茎，并稍晾几天，等伤口干燥后再进行，以免伤口腐烂。

1	2
3	4

1. 舌叶花
2. 佛手掌
3. 新妖
4. 新妖的花

雪莲&雪莲花&雪莲果

　　雪莲与雪莲花、雪莲果是3种完全不同的植物，其中的雪莲花（*Saussurea involucrata*）是药用植物，为菊科风毛菊属多年生草本植物，其性温，味甘苦，具有通经活血、散寒除湿、止血消肿、排除体内毒素等功效。分布于我国新疆维吾尔自治区，俄罗斯和哈萨克斯坦也有分布，生长在海拔2400～4000米雪线附近的岩缝、石壁和冰碛砾石滩中，是中国国家三级濒危物种，严禁采挖野生种群。雪莲果（*Smallanthus sonchifolius*）为菊科包果菊属（菊薯属）多年生草本植物，原产南美洲的安第斯山脉，其根茎含有丰富的水分和果寡糖，味道脆而甜，可作为水果或蔬菜食用，具有调理血液，降低血糖、血脂和胆固醇，清热解毒，帮助消化等多种作用。

　　由于雪莲花与雪莲果通常不作为花卉栽培，就不作细致的介绍了。本文重点介绍一下多肉植物中的雪莲。

雪莲 *Echeveria laui*

　　为景天科拟石莲属（石莲花属）多肉植物，植株具短茎，肉质叶呈莲座状排列，叶子肥厚，圆匙形，顶端圆钝或稍尖，叶色褐绿，被有浓厚的白粉，犹如涂上了一层防晒霜，能遮挡强烈的紫外线辐射，因此看上去叶色呈灰白或浅蓝灰色、粉白色。穗状花序，橘红色小花，春季开放，花后结细小的种子。斑锦变异品种雪莲锦，叶片上有粉红色斑纹。

　　同属中有近似种芙蓉雪莲，其肉质叶比雪莲长，较薄，顶端稍尖，叶表的白粉也没雪莲那么浓厚。芙蓉雪莲与橙梦露较为相似，甚至有人认为是同一种植物的不同状态；雪莲与橙梦露的杂交品种雪天使等。

　　养护　雪莲原产墨西哥的瓦哈卡，喜阳光充足、凉爽干燥和昼夜温差较大的环境，耐干旱，怕积水和闷热、潮湿，有一定的耐寒性。夏季高温时植株生长缓慢，可放在通风良好、光线明亮又无直射阳光处养护，节制浇水，不要施肥。春、秋季节是雪莲的主要生长期，给予充足的光照，以使株型紧凑，叶片肥厚饱满，白粉浓厚。浇水掌握"不干不浇，浇则浇透"，避免盆土积水，也不要让水长期滞留在叶丛中心，以免造成植株腐烂。生长季节每20天左右施一次腐熟的稀薄液肥或"低氮高磷钾"的复合肥，也可将颗粒状缓释肥浅埋在盆土中，使其释放养分，供植株吸收。冬季放在室内阳光充足的地方，控制浇水，停止施肥，使植株休眠，能耐短期的0℃低温。

每1～2年翻盆一次，在春季或秋季进行，盆土要求疏松透气，具有良好的排水性，并有一定的颗粒度。最后在盆面铺上一层石子或者砾石、赤玉土等颗粒性材料，以保持其清洁美观。

繁殖 可用分株、叶插、播种等方法进行繁殖。

1	2
3	4
5	6

1. 雪莲
2. 雪莲锦
3. 橙梦露
4. 芙蓉雪莲
5. 雪天使
6. 雪天使缀化

万年青&广东万年青&虎眼万年青

在植物中有不少以"万年青"命名的种类，这类植物都具有叶片青翠典雅、四季常绿的特点，是很好的观叶植物。

万年青 *Rohdea japonica*

别名九节莲、铁扁担。为天门冬科万年青属常绿草本植物，植株丛生，具根状茎，叶厚纸质，矩圆形或披针形、倒披针形，绿色，先端急尖。花莛短于叶，穗状花序具十几朵排列密集的淡黄色小花。浆果成熟后红色。花期5~6月，果期9~11月。

变种有金边万年青，叶缘呈黄色。近年又从日本、韩国引进了大量的园艺种，其特点是植株矮小，有些品种叶子上有黄白色斑纹，还有一些品种叶子略扭曲，显得狂放不羁，这些种类均被称为"叶艺"万年青。

万年青是我国的传统名花，其寓意吉祥，株型端庄稳重，叶色清雅。全株入药，有清热解毒、散瘀止痛之效。

养护 万年青喜温暖湿润的半阴环境，夏季高温期适当遮光，以防止强烈的阳光灼伤叶子。生长期宜经常向植株及周围洒水，以增加空气湿度，避免叶的边缘干枯；但盆土不宜过湿，以免烂根。每月施肥一次。冬季移入室内光照充足之处养护，停止施肥，控制浇水，最好保持10℃以上，5℃左右植株虽然不会死亡，但会冻伤叶子。养护中及时剪除植株下部的老叶、黄叶以及其他杂乱的叶子，以保持株形的美观。每2~3年的春天翻盆一次，最好用含腐殖质丰富的砂质土壤栽培

繁殖 万年青的繁殖可用分株、扦插、播种等方法。

万年青的花语是吉祥、健康、长寿

广东万年青 *Aglaonema modestum*

别名大万年青、粗肋草、亮丝草。为天南星科广东万年青属（粗肋草属）多年生常绿草本植物，茎直立，有节；叶具长柄，叶片深绿色，卵形或卵状披针形，先端渐尖，基部钝或宽楔形。花序梗纤细，佛焰苞长圆状披针形，绿色，肉穗花序圆柱形；浆果长圆形，绿色至黄红色。花期5月，果期10～11月。

在天南星科中还有花叶万年青（*Dieffenbachia picta*）、彩叶万年青、白斑万年青、白肋万年青等30种，此外还有一些园艺种。

广东万年青有着很好的耐阴性，可盆栽布置室内厅堂等处。也可制作盆景。

养护 广东万年青喜温暖湿润的半阴环境，不耐寒，也不耐旱。室外栽培应避免烈日暴晒，最好放在无直射阳光处养护，如果在室内养护，则要放在光线明亮处。生长期宜保持空气、土壤湿润，但不要积水；每15～20天施一次以氮肥为主的薄肥。越冬温度宜维持在8℃以上，并适当减少浇水，以免土壤过湿引发根部腐烂、叶子脱落。栽培中注意清除枯干的叶子。每2～3年根据植株大小翻盆一次，一般在春天进行，盆土以疏松透气、含腐殖质丰富、肥沃的微酸性土壤为佳。

繁殖 结合春季翻盆分株。也可在生长季节扦插或播种。

广东万年青

花叶万年青

虎眼万年青 *Ornithogalum caudatum*

别名海葱、乳鸟花、玻璃球花、葫芦兰、奇兰。为天门冬科虎眼万年青属（春慵花属）多年生草本植物，具卵球形鳞茎，绿色，直径达10厘米。叶带状或长条状披针形，先端尾状常扭转，绿色，近革质。总状花序，花多而密集，灰白色，中央有绿脊。花期7～8月，温室栽培也可在冬季开花。

虎眼万年青翠绿色的鳞茎珠圆玉润，温润雅致，花色素雅，可盆栽观赏，令人赏心悦目。其鳞茎入药，有清热解毒、消坚散结的功能，可用新鲜汁液涂抹患处，治疗疔疮，民间也常用其治疗胆囊炎、肝病。嫩叶可加工茶叶。

养护 虎眼万年青原产非洲南部，喜阳光充足温暖湿润的环境，耐半阴，怕酷热，也不耐寒，适宜在疏松肥沃、排水良好的土壤中生长。夏季高温季节植株处于半休眠状态，生长缓慢，宜控制浇水，并保持良好的通风。春秋季节及冬季要求有充足的阳光，保持土壤湿润，但不要积水；每15天左右施一次肥，花箭抽出后增施一次磷钾肥。冬季10℃以下植株进入休眠，0℃左右即受冻害。

繁殖 以分株为主，在秋季或生长季节进行。也可播种。

虎眼万年青

虎眼万年青的花

风铃草 & 风铃花 & 风铃玉

风铃草、风铃花、风铃玉三种植物虽然在文字上差别不大，但形态及习性却有很大的差异，尽管如此它们都是优良的花卉，可根据具体植物的具体特性，作不同的用途。

风铃草 *Campanula medium*

又名钟花。为桔梗科风铃草属一二年生或多年生草本植物，叶卵形至倒卵形，叶缘有波状圆锯齿，叶面粗糙。总状花序，小花1～2朵茎生，花冠钟状、漏斗状或管状钟形，5浅裂，基部略膨大，此外还有重瓣品种，花色有蓝紫色、白、粉红等，春末夏初开放。蒴果，内有细小的种子。

风铃草的钟状花形似风铃，色彩明丽素雅，可盆栽布置客厅、阳台等处，也可庭院种植。

养护 风铃草原产北温带地区，喜阳光充足、冬暖夏凉、空气流通的环境，不耐干热，耐寒性也不强，适宜在土层深厚而肥沃、排水良好的中性土壤中生长，在微碱性土壤中也能正常生长。风铃草为长日照植物，每天光照在14小时以上才能开花，为使其尽快开花，可进行补光，每天增加光照4小时。生长期保持土壤和空气湿润，但不要积水，以免烂根。夏季高温时注意通风良好，避免烈日暴晒，并注意喷水降温。春季的生长期施腐熟的液肥2～3次。冬季移入冷室内越冬。

繁殖 以播种为主，春播在3～4月，秋播在7～8月进行，因种子细小，播后覆土不必过厚，甚至可以不覆土，10天左右出苗。对于多年生品种也可在春秋季节进行分株繁殖，丛生种还可在春季萌发后，取嫩枝扦插繁殖。

风铃草的花语有"祝福、温柔的爱、感恩以及嫉妒、低调、坚韧不屈、创造力"等

粉风铃草

风铃花 *Abutilon pictum*（异名 *Abutilon striatum*）

中文正名金铃花，别名风铃扶桑、纹瓣风铃花、灯笼花。为锦葵科苘麻属常绿灌木，叶互生，具长柄，掌状3～5裂，绿色。花腋生，下垂生长，有长而细的花柄，花5瓣，橙红色至橙黄色，具紫红色纹脉，瓣端向内弯，呈半展开状，花蕊凸出其外。花期5～10月。

悬风铃花（*A. megapotamicum*）也称蔓性风铃花、红萼苘麻、灯笼风铃、红心吐金。枝蔓柔软，叶心形，有细细的叶柄，叶缘钝锯齿，花生于叶腋，具长梗，下垂，萼片心形，红色，花瓣闭合，由花萼中吐出，花蕊棕色，伸出花瓣，在适宜的环境中全年都可开花。

风铃花的花朵自然飘逸，可盆栽或悬挂种植，也可地栽布置庭院。其花朵和叶活血祛瘀，舒筋活络，可治跌打损伤。

养护　风铃花原产于巴西，喜温暖湿润和阳光充足的环境，也耐半阴，不耐寒，也不耐旱，适宜在疏松透气、含腐殖质丰富的土壤中生长，对于悬风铃花应设立支架供其攀爬。生长期保持盆土湿润，但不要积水，夏季高温季节早晚向植株喷水，以增加空气湿度；每月施一次腐熟的液肥。栽培中注意摘心，以促进分枝，使其多开花，并控制植株的高度，保持其美观。冬季移入阳光充足的室内，不低于15℃可正常开花。

繁殖　常用扦插和压条的方法进行繁殖。

1 | 3
2 |

1.风铃花
2.风铃花
3.悬风铃花

1	2
3	4

1. 拉登
2. 灯泡
3. 哈默灯泡
4. 风铃玉的"窗"结构

风铃玉 *Conophytum friedrichiae*

风铃玉为番杏科肉锥花属多肉植物，植株由对生的极端肉质叶组成近似圆柱体，表皮呈红褐色、棕色或绿色。顶端圆凸，较为光滑，几乎接近透明状，俗称"窗"，光线由此进入植株体内进行光合作用。顶端有一裂缝，每年的9~11月初，从裂缝处开花，花白色或红色，其花在阳光充足的午后开放，傍晚闭合，如此昼开夜闭，可持续5天左右，若遇阴雨天或栽培环境光照不足，则难以开花。

风铃玉属植物有10多个种，此外还有一些杂交种，像佛肚风铃、磨砂风铃、红风铃、白拍子（绿风铃玉）等，根据种类的不同，植株单生或群生，花白色或粉红色。本属中近似种有表皮鲜红色或绿色的毛汗尼以及拉登、灯泡、哈默灯泡等，由于这类肉锥花顶端都有透明的"窗"结构，故也称为有"窗"类肉锥花。

1 ┤ 2 — 1.佛肚风铃玉
   │ 3   2.红毛汉尼
          3.红花风铃玉

养护 风铃玉原产纳米比亚的大纳马夸兰地区。其生长习性很奇特，夏季高温时植株处于休眠状态，此时对生叶逐渐萎缩，根茎上方的芽在植株内部孕育的新对生叶逐渐长大，休眠期即将结束时老叶（此时老叶只剩一层干枯的皮膜）蜕去露出"新株"，继而开花。根据种类和养护的差异，风铃玉蜕皮后或一株代替一株，或进行分头，因此栽培多年的风铃玉既有单头植株，也有群生植株。

风铃玉喜凉爽干燥和阳光充足的环境，耐干旱，忌闷热潮湿。夏季高温季节植株处于休眠状态，要求有良好的通风，明亮的光照，并注意控制浇水，甚至可以完全断水，以免因闷热潮湿而导致植株腐烂。生长期要给予充足的阳光，否则会因缺光造成植株徒长，影响开花，甚至不开花；水肥也不宜过大，以免撑破顶端的薄皮，形成伤疤，影响观赏。在冬春季节的脱皮期间更要严格控制浇水，甚至可以完全断水，使其外层的老皮尽快干枯。有一定的耐寒性，冬季能耐5℃的低温，若保持土壤干燥，能

那些相似的花儿：160种花卉的辨识养护

耐0℃甚至更低的温度。盆土要求疏松透气、排水良好，有一定的颗粒度，但不必每年都换盆，若要翻盆换土可在秋季进行。

繁殖　秋冬季节播种，播后覆盖玻璃片或塑料薄膜，保持土壤湿润，7～10天出苗。对于群生种类的植株，也可分株繁殖。

1.灯泡的花	2.白拍子
3.白拍子的种子	4.风铃玉
5.磨砂风铃玉	6.绿毛汉尼

1	2
3	4
5	6

薄荷&美国薄荷

美国薄荷并不是产于美国的薄荷，而是与薄荷完全不同的两种植物，其中薄荷以药用、食用为主，兼有观赏性；而美国薄荷则以观赏为主，兼有食用价值。

薄荷 *Mentha canadensis* (异名 *Mentha haplocalyx*)

薄荷为唇形科薄荷属宿根草本植物，茎直立，锐四棱形，具四槽，下部数节具纤细的须根及水平生长的根状茎。叶片长圆状披针形、披针形、椭圆形或卵状披针形、长圆形，先端锐尖，叶缘疏生粗大的牙齿状锯齿，中肋及侧脉凹陷，使叶面显得凹凸不平。轮伞花序腋生，轮廓球形，花冠淡紫色至灰白色。小坚

薄荷

科西嘉薄荷

皱叶留兰香

果卵珠形，黄褐色。

薄荷的栽培品种很多，可根据茎秆的颜色及叶的形状差异分为紫茎紫脉、青茎两种类型。同属中近似种水薄荷（*M. aquatica*）、科西嘉薄荷（*M. requienii*）以及留兰香（*M. spicata*）、皱叶留兰香（*M. crispata*）等，其中留兰香与皱叶留兰香俗称"十香菜"，可做调料食用。

薄荷气味芬芳，富有自然野趣，可盆栽或庭院地栽。幼嫩茎尖可食用，茎叶可泡茶。全草又可入药，治感冒发热喉痛、头痛、目赤痛、肌肉疼痛、皮肤风疹瘙痒、麻疹不透等症。此外，对痈、疽、疥、癣、漆疮亦有效。

养护 薄荷广泛分布于北温带，生长于水旁潮湿地，喜温暖湿润和阳光充足的环境，耐半阴，不耐旱。在寒冷地区，其根茎宿存越冬，能耐-15℃的低温。生长期要求有时间长而强烈的光照，以促进开花，并有利于薄荷油、薄荷脑等有效物质的合成。保持土壤及空气湿润，勿干燥。对土壤要求不严，除了过酸、过碱的土壤外，其他土壤都能栽培。

繁殖 常用分株的方法。

美国薄荷 *Monarda didyma*

别名马薄荷、洋薄荷、佛手甜。为唇形科美国薄荷属一年生或多年生草本植物。全株具有类似柑橘与薄荷混合的芳香气味。茎直立，锐四棱形；叶对生，卵形或卵状披针形，叶缘有锯齿。轮伞花序密集多花，在茎的顶端集成直径6厘米左右的头状花序，花冠紫红色，花期6～9月，果实具4个小坚果。其园艺品种很多，有些品种花序最大能达11厘米。花色除了红色外，还有粉红、白、紫以及红花白边等颜色。品种有花园红、柯罗红、草原、火球、粉极等。

美国薄荷花色浓艳，花期长，而且开花整齐，枝叶芳香宜人，在园林中可作花境、坡地等处的绿化植物，无论丛栽还是片植，都有很好的景观效果。盆栽布置庭院、阳台、窗台等处，效果也好。其花梗粗壮，还可作鲜切花，用于制作插花、花艺作品。此外，美国薄荷还是很好的香料植物，可从其新叶中提取香料，或将其花朵取下阴干，作薰香剂或泡茶饮用。

养护 美国薄荷原产美洲，喜凉爽湿润和阳光充足的环境，亦耐半阴，耐寒冷，不耐干旱，其适应性强，对土壤要求不严，但在肥沃、湿润的砂壤土中

美国薄荷

美国薄荷

生长较好。生长期要求有充足的阳光，如果光照不足会使植株纤弱，开花稀少。宜勤浇水，以保持土壤湿润，若遇干热风应及时向植株周围喷水，以增加空气湿度；每月施一次以磷钾肥为主的肥水，以保证有充足的养分供给植株开花。5～6月进行一次摘心，以调整植株高度，有利于形成丰满的株型，促进植物多开花。生长期要注意及时剪除有病虫害的枝叶。对于盆栽的美国薄荷，每2～3年分株一次，以防株丛过密，影响植株生长及开花、结实，降低观赏效果。

　　繁殖　常用分株、播种、扦插等方法进行繁殖。

蕙兰 & 大花蕙兰

如同小熊猫不是幼年的大熊猫一样。大花蕙兰也不是花朵较大的蕙兰，它们是两种不同的植物。前者姿态优雅，芳香浓郁；后者花朵硕大，绚丽多彩。

蕙兰 *Cymbidium faberi*

为兰科兰属常绿地生草本植物，具不明显的假鳞茎。叶带状，直立性较强，叶脉透亮，边缘有粗锯齿。总状花序，一茎有花5~11朵或更多（某些园艺种最多可达18朵）；花朵常为浅黄绿色，唇瓣有紫红色斑点，花期3~5月。

蕙兰是我国的传统名花，栽培历史悠久，有着极为丰富的品种，按花茎和鞘的颜色分为赤壳、绿壳、赤绿壳、白绿壳等，花型有荷瓣、梅瓣、水仙瓣以及蝶花、素心花、奇花、色花等类型。有大一品、程梅、上海梅、关顶、元字、染字、荡字、潘绿等传统名品老八种；楼梅、翠萼、极品、庆华梅、江南新极品、端梅、荣梅、崔梅等传统新八种。此外，还有天娇牡丹、四喜牡丹、远东奇蝶等品种。

蕙兰植株挺拔，叶片飘逸自然，花朵芬芳馥郁，是我国的传统名花，可盆栽观赏，陈设于阳台、窗台、庭院等处。

养护 蕙兰喜温暖湿润和光线明

蕙兰

1. 老上海
2. 蕙兰
3. 玲巧荷

```
1
—— 3
2
```

亮、空气流通的环境，有一定的耐寒性，怕积水。生长适温15～25℃，生育适温10～20℃，冬季能耐−5℃的低温。除盛夏高温季节要适当遮光外，其他季节都要给予充足的光照。尽管蕙兰的假鳞茎不大，但其肉质根粗长，具有一定的保水性，有着较强的耐旱性，能够应付短期的干旱，平时宜保持盆土"湿润而不积水"，要求有较大的空气湿度，以避免叶尖干枯。

3～4月或9～10月进行翻盆。因其根系发达，宜用大而深的盆器种植，盆土要求疏松透气、沥水性好、肥沃、含腐殖质丰富、洁净无杂菌，最好用日晒或药物灭菌。

繁殖 分株或组织培养。

大花蕙兰 *Cymbidium hybrid*

是由独占春、虎头兰、象牙白、碧玉兰、美花兰、黄蝉兰等原产于热带、亚热带地区的大型兰属原生种植物经多代杂交选育而来的。为兰科兰属多年生附生草本植物，具粗壮的假鳞茎，其上有12～14节，每个节上均有隐芽，隐芽根据植株的年龄或发育成花芽或发育成叶芽。叶长披针形，长度和宽度根据品种的不同，有着很大的差异，叶色受光照强度影响较大，通常为黄绿色至深绿色。其根系发达，根多为圆柱形，肉质，粗壮肥大，呈灰白色，无主根与侧根之分，其表皮发达，有防止根系干燥的功能。大花蕙兰的花序较长，每个通常不少于10朵花，按花色分可以分为红花系、黄花系、绿花系、白花系等，按花朵的大小可分为大花型、中花型、小花型等，按花期可分为早花型、中花型、晚花型和夏秋开花型等。此外，花序除了常见的直立型外，还有垂花型、拱形、半垂花型等不同形态。

大花蕙兰通常归为洋兰的范畴，具有植株强健、花序硕大、开花繁多、花色丰富、花期长等优点，可根据植株规

大花蕙兰

垂花型大花蕙兰

那些相似的花儿：160 种花卉的辨识养护

格、特点的不同，做不同的形式的盆栽、组合盆栽，陈设于客厅、居室等处。

养护 大花蕙兰喜欢凉爽湿润和阳光充足的环境。在明亮而充足的散射光环境中生长最好，因此除了夏季和初秋的高温时要适当遮光，避免烈日暴晒外，其他季节则要给予充足的光照。生长适温10～25℃，花期维持5～15℃，可以减少代谢，延长花期。花谢后应及时把花枝从基部剪掉，以免消耗过多的养分，抑制新芽的生长。剪除花枝后不必换盆，因为实践证明，盆内根群越多越挤迫，越有利于开花，即所谓大花蕙兰的花是由盆挤迫出来的说法。但如果花盆内的栽培基质已经腐烂、根部发黑腐烂的话，还是要进行换盆，更换新的栽培材料，由于是附生兰，宜用透气性、透水性好的树皮块、蕨根之类材料种植，并在盆的下部放置一些木炭块、陶粒、碎砖块等，以利于排水，盆器则可选择底部及盆壁有孔的高筒盆。

大花蕙兰喜湿润的环境，生长旺盛期应给予充足的水分，如果浇水不足，会使假鳞茎发皱，不利于养分的积累。秋冬季节气温下降，植株进入生殖生长阶段，应减少浇水，以促进花芽分化，并保护正在生长和发育的花芽。花期不宜浇太多的水，一般3～7天浇一次水，以维持盆土湿润，浇水过多则容易使花蕾或花朵产生褐斑，不仅影响花朵的外观，还会造成花朵提早脱落。大花蕙兰喜肥，生长期内要求有充足的养分，如果养分不足，叶片会黄化脱落，花朵细小，暗淡无光。因此，在春夏季节可每周施一次腐熟的稀薄液肥或其他兰花专用肥，秋季则改为每2～3周一次，冬季则停止施肥，直到春季花期过后再恢复施肥。

繁殖 大花蕙兰多用组织培养的方法进行大规模工厂化育苗，由于此法对设施及环境较高，故家庭中很少采用。分株法是家庭中常用的繁殖方法，多在春季花谢后进行。

大花蕙兰

名相近

爆仗花 & 炮仗花

爆仗花、炮仗花均因花形酷似火红欲燃的鞭炮而得名，甚至爆仗花还有"炮仗花"的别名，但在植物学上它们并不是同一科的植物，无论形态还是习性都有很大区别。

爆仗花 *Russelia equisetiformis*

又名爆竹花、炮仗竹、鞭炮花、炮竹红、吉祥草。为玄参科爆竹花属常绿灌木或亚灌木，纤细的茎枝呈绿色，有纵棱。小叶对生或轮生，除个别叶片呈卵圆形外，大部分叶子都退化成小鳞片。圆锥状聚伞花序，花萼淡绿色，花冠红色，长筒形，先端为不明显的两唇形。花期6~10月。

爆仗花鲜红色花朵盛开于纤细的枝条上。可作盆栽，装饰阳台、庭院、室内，也可作吊盆栽植，悬挂于廊下、窗前等处观赏，效果都很好。在气候较为温暖的地区，还可在花坛、山石旁地栽。

养护 爆仗花原产中美洲，喜温暖湿润和阳光充足的环境，具有光照越充足开花越多的习性。怕水涝，稍耐旱。浇水做到见干见湿。生长期每10天左右施一次腐熟的稀薄液肥或复合肥。冬季放在室内阳光处，节制浇水，停止施肥，8℃以上可安全越冬。由于爆竹花的花朵多开在嫩枝上，且耐修剪，故栽培中要经常修剪，以促使多发嫩枝，既能保持植株的优美，又可达到多开花的目的。

每年春季换盆一次，盆土宜用疏松肥沃、排水透气性良好的砂质土壤，可用腐叶土2份、园土和砂土各1份混合后使用，并掺入少量腐熟的饼肥作基肥。

繁殖 可结合春季进行分株；也可在5~6月进行扦插。

爆仗花

名相近

炮仗花 *Pyrostegia venusta*

又名炮仗红、炮仗藤、黄金珊瑚、黄鳝藤。为紫葳科炮仗藤属常绿藤本灌木，木质化的主干粗壮，具线状3裂的卷须，枝蔓长达8米以上。指状复叶对生，小叶卵状椭圆形，先端渐尖。圆锥花序着生于侧枝顶端，花萼钟状，花冠筒状，橙红色，花冠裂片向外翻卷。花期1~6月。

炮仗花的耐寒性差，在南方可作为垂直绿化植物或棚架花卉，或植于山石、土坡旁，北方多做盆栽观赏，陈设于门庭、客厅等处观赏，也可用于制作树桩盆景。

养护 炮仗花原产巴西、巴拉圭一带。喜阳光充足和温暖湿润的环境，在土层深厚、肥沃的微酸性土壤生长良好。生长期可经常浇水，在空气干燥时要向植株喷水，以增加空气湿度。每10~15天施一次液肥。冬季应放在室内阳光充足处，最好能维持15℃以上的温度，使植株继续生长开花；如果节制浇水，使植株休眠，也能耐5~8℃的低温。由于炮仗花开过花的枝条第二年不再开花，所以花后应剪去徒长枝、弱枝，以促发新枝，增加第二年的开花量。因其是攀缘植物，应设立支架、立柱或绳之类的牵引物，供枝蔓攀附。

繁殖 可在春、夏季节剪取基部抽生的茎枝进行扦插。也可在生长季节进行压条。

炮仗花的花朵让人想起了新年的鞭炮，花语是"好日子红红火火"，象征的吉祥富贵

那些相似的花儿：160种花卉的辨识养护

凌霄&硬骨凌霄

凌霄，因附木而上，节节攀登，扶摇直上，颇有"凌云九霄之志"而得名。植物中有不少以"凌霄"命名的种类，像凌霄、厚萼凌霄、硬骨凌霄等，都具有花色娇艳，花期长等特点，花、叶或多或少也有相似之处。

凌霄 *Campsis grandiflora*

也叫中国凌霄、大花凌霄、紫葳、陵时花、女葳花。为紫葳科凌霄属落叶藤本植物，茎木质，表皮脱落，呈枯褐色，以气生根攀附在他物上；叶对生，奇数羽状复叶，小叶7～9片，卵形至卵状披针形，叶缘有粗锯齿。聚伞状圆锥

凌霄

红黄萼凌霄的果实　　　红黄萼凌霄的花

花序顶生，花萼钟状，绿色，具5棱，先端裂至1/3处，裂片披针形，花冠较大，橙黄至橙红色、红色，近1/2为花萼包裹。花期5～10月。蒴果顶端钝。

凌霄属植物仅2种。另一种是厚萼凌霄（*C. radicans*），也称美国凌霄、美洲凌霄、洋凌霄。其羽状复叶 9～11片。花萼近肉质，光滑无棱，先端浅裂，花萼与花冠同色，橙红色至鲜红色，花冠筒细长，花冠较小，仅为长度的1/3。此外，还有二者的杂交种——红黄萼凌霄（*Campsis × tagliabuana*），也叫美国凌霄、杂种凌霄。特征介于两亲本之间，总体更像凌霄，花萼较圆，带橙色，无棱或微有棱，花冠略有折痕，直径略小于长度。杂种凌霄最为常见，其习性强健，有着广泛的种植。

凌霄枝叶繁茂，花期长，具有很强的攀缘能力，适宜做棚架、花墙、花门、花廊，也可攀缘于假山、墙壁、栅栏、枯树、观赏石等处。还可盆栽或者制作盆景。其根、茎、叶、花均可入药，有祛风活血、消肿解毒的功效，主治风湿关节炎痛、跌打损伤、血热风痒等病症。

养护　凌霄原产我国，喜阳光充足和温暖湿润的环境，也耐阴，稍耐寒，对土壤要求不严，但在土层深厚、疏松肥沃、排水良好的砂质土壤中生长更好。低洼积水、光照不足之处则不宜种植，否则开花稀少，甚至不开花。由于凌霄生长较快，植株体量大，栽种前要选择坚固持久的支架进行支撑，以后随着植株的生长，应逐段进行绑扎牵引，将其

　　那些相似的花儿：160 种花卉的辨识养护

引上支架或墙壁、岩石、栅栏，使其攀缘生长。凌霄根系发达，吸收能力强，有着较强的耐旱能力，平时不必浇水太勤，只需春季萌芽前浇一次透水，以促进发芽；夏季炎热干旱时也要及时浇水，以免由于长期干旱而引起的叶片发黄脱落。每年冬季在植株根际的周围开沟施一次腐熟的有机肥，花前再施一次腐熟的有机肥做追肥，以提供充足的养分，促进植株开花，每次施肥后都要浇一次透水，以利于植株的吸收。

盆栽可选择栽培5年以上的植株。将主干截断，只保留30～40厘米高，并剪去过长、枯烂的根系，使其上盆后重发新枝，萌出的新枝只保留3～5个，其余的全部抹去，使其形成优美的伞形树冠。生长期保持土壤湿润而不积水，做到"薄肥勤施"，每次花后都要施一次，肥料应以磷钾肥为主，氮肥为辅，以促进开花繁茂，10月以后停止施肥。

每年的春季萌芽前进行一次修剪整形，剪去枯枝、病虫枝、徒长枝、交叉枝、重叠枝以及其他影响树形的枝条，以保持植株的优美。生长期应经常摘心，以控制枝条生长，促发侧枝，并及时抹去枝干和基部萌发的腋芽、不定芽，花败后及时剪去残花，以使其再度形成花蕾。

繁殖　可用播种、扦插、压条、分株等方法进行繁殖。

厚萼凌霄（美国凌霄）

硬骨凌霄 *Tecoma capensis*

又名南非凌霄、四季凌霄。为紫葳科硬骨凌霄属常绿植物，植株呈半藤状或近似直立灌木，枝条褐绿色，常有痂状凸起；叶对生，奇数羽状复叶，小叶多为7枚，具短柄，卵形至阔椭圆形，叶缘有不甚规则的锯齿。总状花序顶生，花萼钟状，5齿裂，花冠漏斗状，略弯曲，橙红色至鲜红色，有深红色纵纹，花期春季和秋季。

硬骨凌霄植株不大，四季常青，但耐寒性较差，北方一般做盆栽观赏或制作盆景，在气候温和的热带及亚热带地区，也可植于庭院。

养护　硬骨凌霄原产南非西南部，喜温暖湿润和阳光充足的环境，不耐寒。除了夏季适当遮阴，避免烈日暴晒外，其他季节都要给予充足的光照。生长期保持土壤湿润而不积水，每周施一次薄肥。冬季植株生长停滞，但叶子并不脱落，可移至室内光照充足之处，停止施肥，减少浇水，温度最好维持10℃以上。

硬骨凌霄萌发力强，可随时剪除影响美观的枝条，冬季休眠时对植株进行一次整形，剪除细弱枝、病虫枝、过密枝或其他影响美观的枝条，并进行回缩修剪，将过长的枝条短截，把树冠控制在一定的范围。

每2年左右翻盆一次，一般在春季进行，盆土宜用疏松肥沃、排水良好的微酸性土壤。

繁殖　扦插、压条或播种。

紫罗兰&非洲紫罗兰

非洲紫罗兰，并不是产于非洲的紫罗兰，而是与紫罗兰完全不同的两种植物。二者都是优良的草本观花植物。

紫罗兰 *Matthiola incana*

又名草桂花、草紫罗兰。为十字花科紫罗兰属多年生草本植物，常作二年生植物栽培。全株被有柔毛，茎直立，多分枝；叶长圆形至倒披针形或匙

紫罗兰

紫罗兰

形，全缘或呈微波状。总状花序顶生或腋生，花数众多，花梗粗壮，花型有单瓣、重瓣，花色有紫红、粉红、白等颜色，有香气。长角果圆柱形。自然花期4～5月，人工栽培可在12月开放。果熟期6～7月。

紫罗兰花色鲜艳，花期长，芳香浓郁，可盆栽观赏或用于布置花坛、花境等处。也可作为冬、春季节的切花使用。

养护 紫罗兰原产欧洲南部及地中海沿岸。喜冷凉和阳光充足的环境，不耐阴，怕积水。生长适温白天15～18℃，夜间10℃左右，但在花芽分化时需要5～8℃的低温约3周左右，冬季也能耐短暂的-5℃的低温。对土壤要求不严，但在中性偏碱的土壤中生长更好，酸性土壤中生长不良，因此施肥也不要施偏酸性肥料；施肥也不宜过多，否则对开花不利。而光照不足和通风不良，则植株抗性差，易受枯萎病、黄萎病、霜霉病、腐烂病、蚜虫等多种病虫害的危害。

繁殖 以播种为主，多在8月中旬至10月中旬进行，此外，也可结合用花时间进行调整，像2月温室内播种，5月开花；3月播种，6月开花；但7月播种，要等到翌年2～3月才能在温室内开花。

那些相似的花儿：160种花卉的辨识养护

非洲紫罗兰 *Saintpaulia ionantha*

又名非洲堇。为苦苣苔科非洲堇属多年生常绿草本植物，茎极短，叶基生，呈莲座状排列，叶柄长，叶片卵圆形、心形或椭圆形，叶面粗糙，绿色或墨绿色，背面淡紫红色，全缘或具粗齿，全株长有白色短毛。花生于叶腋，2～8朵群生，花型有单瓣也有重瓣、半重瓣，花色有白、粉红、紫、紫红、蓝等多种。

非洲紫罗兰花色丰富，在适宜的条件下，能整年持续不断地开花。适合用小盆栽种，点缀案头、窗台等处，玲珑典雅，颇有特色。

养护 非洲紫罗兰原产非洲的东部，喜温暖湿润的半阴环境。可放在光线明亮又无阳光直射处养护。冬季不得低于10℃，并避免温度的暴升暴跌。夏季要求通风凉爽，防止烈日暴晒和闷热、高温等不利于植株生长的环境。平时浇水不宜过多，要等盆土稍干时再浇水，以免造成植株腐烂。生长期每7～10天施一次腐熟的稀薄液肥或复合化肥。冬季低温和夏季高温时都要停止施肥。浇水、施肥时要避免水、肥洒在叶面上，也不要经常向叶面喷水，这是因为水滴长时间滞留在叶毛间，叶片会产生难看的黄斑，甚至腐烂。但为增加空气湿度，可在植株周围喷水，如果空气流通，蒸发较快，也可向叶面喷少量的水。

春季翻盆，因植株不大，根系分布不广，花盆不宜过大，可根据植株的大小，选用与之相称的花盆。盆土要用疏松、肥沃的微酸性土壤。植株栽培2年后，长势减弱，可繁殖新株，对老株进行更新。

繁殖 常用叶片扦插和播种的方法。

非洲紫罗兰

水仙 & 洋水仙 & 秋水仙 & 燕子水仙 & 南美水仙

水仙有着庞大的家族，除了人们熟知的中国水仙外，还有品种繁多的洋水仙以及秋水仙、燕子水仙、南美水仙等。

水仙 *Narcissus tazetta* var. *chinensis*

别名中国水仙。为石蒜科水仙属多年生草本植物，鳞茎卵球形，叶扁平线形，全缘，钝头，粉绿色。花茎几乎与叶等长，伞形花序，有花4~8朵，花被裂成6片，白色；副冠浅杯形，黄色，有清香，单瓣花叫"金盏银台"或"金盏玉台""酒杯水仙"，重瓣花叫"玉玲珑"或"百叶水仙"。自然花期春季，人工促成栽培后可在冬季开花。

中国水仙的原种在唐代从意大利引进，是法国多花水仙的变种，在我国有着1000多年的栽培历史，是我国的十大传统名花之一，有"凌波仙子"之美誉。家庭可盆栽或水养，做成各种造型，陈设于阳光充足的窗台、阳台、厅堂、书房等处，清香雅致，别有一番风韵。

中国水仙的鳞茎球由鳞茎皮、若干肉质鳞茎、叶芽、花芽和鳞茎盘组成。以福建漳州出产的最为著名，在原产地

要经过3年的培育才能成为商品球供应市场。那么，怎样才能挑选到好的水仙呢？

首先是规格，规格越大，开花就越多，但价格也越高。其次是看外形，主鳞茎球外形要求扁圆，即左右直径大于前后直径，这是由于水仙鳞茎内的花芽基本上是平列生长的，在大小相同的情况下，扁圆形花头要比正圆形或长圆形花头所包含的花芽多；在除去根部泥土的条件下，重量以沉者为佳，轻者为次；此外，还要求鳞茎球坚实、弹性好，如果其松软无弹性，则说明脱水严重，水养后长势不佳，花朵小而少，香味也淡。主鳞茎球外的枯皮以深褐色、完整厚实光亮者为上，若其呈浅黄褐色，薄而无光泽，则说明鳞茎球发育不良或栽培年数不够，尚未成熟，花芽少，甚至无花芽。有时花头在贮存、运输过程中保护

不好，主鳞茎球外皮被损坏，使露出来的白色鳞茎片萎缩变色，也会影响到以后的开花。发育成熟的水仙花头底部的根盘宽阔而凹陷较深，若其根盘小而浅则说明栽培年数不够，发育不成熟，花芽稀少或无花芽。新根要求尚未长出或长出不超过2厘米。最后还要注意主鳞茎球两旁的小鳞茎球不能过多、过小，以免分散养分，影响主鳞茎球的生长，但也不能过少，否则造型不美，一般每侧有1～3个为宜。

养护 水仙喜凉爽湿润和阳光充足的环境。一般在冬季购买种球进行水培或砂养，开花后陈设于案头、窗台等处观赏。水仙从水养到开花40天左右，可据此确定水养的时间，以使其在元旦、春节开花，增加节日的喜庆气氛。此外，还要注意温度对水仙开花的影响，在20～25℃的环境中，25～30天就能开花，低于10℃，则需要50～60天才能开花。

水仙在水养前要去掉褐色外衣、根部的"护根泥"及干枯的老根，然后放在清水中浸泡1～2天，每天换水2～3次，以清除球内的黏液等杂质。然后放在陶瓷、塑料、紫砂等盆器内，加水至球身的1/3处，为了美观和固定根系，可在盆底放些洁净的石子、陶粒等物品。水仙对水质有一定的要求，最好采用井水、矿泉水等，如果是自来水，应晾晒

水仙

玉玲珑水仙

金盏银台水仙

2～3天，以沉淀杂物，释放水中的有害气体。前3～5天可放在有散射光处养护，以促进根系的发育。以后移到光照充足处，使之尽量多接受阳光的沐浴，以避免徒长，叶子变得柔嫩细弱，从而引起倒伏等现象。水仙喜欢冷凉的气候，在10～18℃的环境中生长良好，并要求有一定的昼夜温差（白昼要比夜晚高10℃左右），超过25℃虽然叶子繁茂，但难以开花，即便是有花蕾形成，也会枯萎；长期低于5℃也难以开花。

水养的前10～15天最好每天都换水，以后则3天换一次。水仙的根系断后难以再生，因此换水时一定要保护好根系，避免伤损。开花后移至冷凉的环境中，以延长花期。

水仙还可进行雕塑造型，方法是将鳞茎纵切，露出叶芽和花芽，再用锋利的刀具将花梗及叶片的一侧刮去一部分，如此在生长时叶及花箭就会朝着有伤的一侧弯曲，从而形成卷曲低矮的叶子及花梗。操作时需小心谨慎，切勿伤损花苞。常见的造型有蟹爪、花篮、茶壶、金鱼、孔雀开屏、金鸡报晓等。因其对工具、技术要求较高，故一般家庭很少操作。

繁殖 观赏期过后将开过花的种球丢弃，一般不做繁殖。

洋水仙 *Narcissus pseudonarcissus*

也叫西洋水仙，是对黄水仙及其园艺种漂流之花洋水仙、重瓣洋水仙、大花洋水仙、二色洋水仙、荷兰船长洋水仙、火焰洋水仙、丘吉尔首相洋水仙等品种以及原产地中海、希腊等地的红口水仙、长寿水仙、欧洲水仙等水仙的总称。为石蒜科水仙属多年生草本植物，具鳞茎，叶带状，灰绿色，花梗粗壮，每个花梗通常只开一朵花，花瓣白色或黄色，有深浅的差异，副冠有黄色、橙黄、橙红、肉粉、白等多种颜色，边缘有褶皱，花朵因品种的不同，差异很大，大的可达10厘米左右，小的只有2～3厘米，自然花期早春季节，在人工栽培的环境中，也可在冬季开花。主要有红口水仙、二色洋水仙、淡黄洋水仙、小花洋水仙、重瓣洋水仙等种。

洋水仙种类丰富，花大色艳，绚丽多彩，但香味较淡，甚至无香味，可植于庭院等处，也可盆栽观赏或作切花使用。

养护 洋水仙喜冷凉、湿润和阳光充足的环境，耐寒冷，怕酷热，由于鳞茎不大，贮存的养分不多，如果水养的话，长势较差，开花时间也相对较短，更不宜作雕刻造型。因此最好用肥沃疏松的土壤栽培，平时放在室内光照较为充足之处养护，保持土壤湿润而不积水，以免鳞茎腐烂。花蕾伸出后向叶面喷施0.5%磷酸二氢钾溶液2～3次，以促进开花。地栽一般在秋季的9月底至10月初栽种，到第二年的3月开花。

繁殖 洋水仙的鳞茎必须经过低温春化处理才能开花，其过程较为繁琐，一般家庭很难做到，因此，花谢后就将鳞茎丢弃，也不进行繁殖，等来年再购买新的种球种植。

1 │ 2
　│ 3

1. 大花洋水仙

2. 火焰洋水仙

3. 重瓣洋水仙

燕子水仙 　　　　　　　　燕子水仙

燕子水仙 *Sprekelia formosissima*

中文正名龙头花，别名燕水仙、火燕兰。为石蒜科燕水仙属多年生草本植物。具球形鳞茎，叶条形。花单生，花冠红色，上部裂片3枚，分开，直立而狭窄，外翻；下部3枚裂片卷拢成筒状；花冠倾斜，形成明显的二唇状。花期春末夏初。

燕子水仙花色红艳，花型别致，而且一年可多次开花，可盆栽布置阳光充足的阳台、窗台、庭院等处。

养护　燕子水仙原产墨西哥和危地马拉，喜温暖干燥和阳光充足的环境，不耐寒。冬季温度过低植株进入休眠状态，叶子干枯，此时应严格控制浇水，以免鳞茎腐烂。等翌年春天发叶抽莛后再浇水，生长期保持土壤湿润而不积水，酌情施薄肥1～2次。盆栽植株每3～4年翻盆一次，土壤可用具有良好的排水透气性的砂质土壤。

繁殖　分种球或播种。

南美水仙 *Eucharis amazonica*

别名美国水仙、亚马逊百合、大花油加律。为石蒜科南美水仙属（油加律属）多年生草本植物，具鳞茎。叶片宽大，深绿色，有光泽。伞状花序，有花5～7朵，花纯白色，花冠圆筒形，副冠浅杯状，底部含绿色斑纹，有芳香。在适宜的环境中全年可多次开花，主要花期集中在春、夏季节。

南美水仙叶子豪放飘逸，花朵洁白清香，一年多次开花，可点缀阳台、庭院、室内等处，是一种用途广泛的球根花卉。

养护　南美水仙原产哥伦比亚和秘鲁，喜温暖湿润的半阴环境，在明亮的散射光下生长良好。生长适温25～28℃，夏季高于30℃则生长不良，应适当遮阴，并注意通风良好，避免烈日暴晒和闷热的环境，生长期保持土壤湿润而不积水，每次开花后都会有一短暂的休眠期，宜控制浇水；生长季节每10～15天施一次腐熟的稀薄液肥。冬季移至室内光照充足处，温度不可低于10℃，若能保持15℃以上，已经形成的花蕾可继续开花。

春天进行翻盆，土壤要求疏松肥沃，含腐殖质丰富，具有良好的排水透气性，可用腐叶土或草炭土加珍珠岩、园土混合配制，并掺入腐熟的有机肥。

繁殖　可结合春天翻盆进行分株，也可播种繁殖。

南美水仙

秋水仙 *Colchicum autumnale*

秋水仙为百合科（有些文献归为秋水仙科）秋水仙属多年生草本植物，球茎卵形，外皮黑褐色。茎极短，大部分埋于地下。叶披针形，长约30厘米。花莛直接由地下茎抽出，每莛有1～4朵花，花蕾纺锤形，花朵漏斗形，粉淡红色或紫红色。花期8～10月。

秋水仙叶片秀雅，花朵艳而不俗，可盆栽观赏或植于岩石园。秋水仙的鳞茎可入药，味苦，性温，有毒，具有散寒、镇痛、抗癌等功效。

养护　秋水仙原产欧洲和地中海沿岸，喜夏季凉爽干燥、冬季温暖湿润的环境，有一定的耐寒性。生长季节要求有充足的阳光；保持土壤湿润，但不要积水，雨季注意及时排水，以免鳞茎腐烂。冬季可将鳞茎留在原土壤中越冬，也可掘出，放在冷凉干燥处贮存，翌年春季重新种植。适宜在疏松肥沃、排水良好的砂质土壤中生长。

繁殖　分株或播种。

秋水仙

风信子 & 葡萄风信子

　　风信子与葡萄风信子均为风信子科多年生球根花卉，形态、习性也有些相似，但它们并不是同一种植物的不同品种。二者在植物学上不是同一个属，各自都有一系列的品种。

风信子 *Hyacinthus orientalis*

　　别名五彩水仙、洋水仙。为风信子科风信子属多年生草本植物，具球状鳞茎，外皮膜白色或紫红色，有光泽。4～8枚叶生于鳞茎顶端，绿色，带状披针形，先端钝圆，肥厚近似于肉质。花梗中空，总状花序密生小花10～30朵，花朵钟状，花冠6片，向背面反卷，另有重瓣品种，花色有白、粉、黄、紫、蓝、红等，具有浓郁的芳香，自然花期3～4月，经人工促成栽培后可提前至头年的12月开放。

风信子

　　风信子株型不大，花色艳丽而丰富，芳香浓郁，是早春开花的著名球根花卉，可盆栽观赏或水养，也可布置花坛、花境或花槽。其花香有稳定情绪、消除疲劳的作用；并可提取芳香油。

　　养护　风信子分布于南欧、地中海沿岸。喜阳光充足，冬季温暖湿润，夏季凉爽的环境。家庭栽培一般是像莳养中国水仙那样，购买商品球栽培。鳞茎球买回家后，栽入大小合适的花盆中。

盆土宜用疏松透气的砂质土壤或普通的花卉栽培土，还可用陶粒、石子等无土介质栽培。栽后浇透水，放在阳光充足处养护，经常浇水，勿使盆土干燥。等花序出土后移至半阴处，以使花序能迅速生长，尽快高出叶面而开花。栽培过程中，温度不要过高，最好维持在15～20℃，一旦超过25℃。植株就会生长缓慢，使花序夹在叶丛中伸不出来（俗称"夹箭"）。由于鳞茎球内储存有充足的养分，能够满足其开花的需要，因此栽培中一般不必另外施肥，但为使花大色艳，也可每10天左右向植株喷洒一次0.5%的磷酸二氢钾溶液。开花时移至阴凉低温处，以延长花期。

风信子还可水培，方法是选择健壮的鳞茎球，在广口细颈或广口的锥形瓶中放入清水，将鳞茎球放在瓶口处，仅让其3～6毫米浸入水中，先放在黑暗无光的地方促其发根，等长出新根后再见光培养，在18℃左右的条件下约2个月开花。开花时鲜艳的花朵、碧绿的叶片与下面洁白的根系相映成趣，非常美丽。为了防止腐烂，养护中可在水中放入少量的木炭，并注意勤换水。

繁殖 常用分鳞茎球或播种的方法。但这些方法都很繁琐，而且开过花的植株品质都会退化，其花序越来越小，花朵也越来越少，因此如果有条件最好每年都购买新的茎球栽培。

风信子

葡萄风信子 *Muscari botryoides*

别名蓝瓶花、蓝壶花、射香兰、葡萄水仙。为风信子科蓝壶花属多年生草本植物，鳞茎近似球形，外被白色皮膜，叶基生，线状披针形，暗绿色。总状花序，小花稍下垂，花冠近球形，花冠口收缩。花色有白、蓝紫、浅蓝等。正常花期3～5月，人工栽培的条件下可提前到12月开放。

同属近似种亚美尼亚葡萄风信子（*M. armeniacum*），其花冠较长，呈长椭圆形或钟形，口部收缩；还有一些园艺栽培品种形态介于二者之间，这些统称为葡萄风信子。葡萄风信子植株低矮紧凑，花序酷似一串串葡萄，奇特而富有趣味，是早春开花的著名球根花卉。可盆栽观赏，也可与洋水仙、风信子、郁金香等球根花卉组合成一个整体景观。也可地栽，作为草坪成片种植，作为花坛镶边，或植于岩石园中。

养护 葡萄风信子与风信子习性接近，养护可参考风信子进行。但夏季其鳞茎不必掘出，可留在原地土壤中。秋天气候转凉，会长出新叶，翌年春天开花。

繁殖 繁殖以分株和播种为主。

葡萄风信子

名相近

龙头花&假龙头花

植物中有不少以"假"命名的,像假叶树、假昙花、假连翘等,其中有些种类还有个"真"的与之相对应,像龙头花与假龙头花。

龙头花 *Antirrhinum majus*

即金鱼草,别名洋彩雀。为玄参科金鱼草属多年生草本植物,常作一二年生草花栽培,茎直立,叶片矩圆状披针形或披针形,叶面多皱缩。总状花序顶生,花冠筒状唇形,基部膨大成囊状,有白、淡红、红、深黄、红、紫等色,自然花期5~7月。蒴果卵形、有孔,形似骷髅,种子细小,灰黑色,7~8月成熟。

龙头花花色丰富,适合作花坛、花境,常与百日草、万寿菊、一串红等草花配植,以形成色彩丰富的景观效果,矮型种也可盆栽观赏;此外,还可作切花材料使用。

养护与繁殖 龙头花喜阳光充足的凉爽环境,耐半阴,怕酷热,较耐寒,略耐干旱,适宜在疏松肥沃、排水良好的砂质土壤中生长。生长期注意摘心、打头,适时剪去已开过花的花序,以促使侧枝的萌发,使之再度开花。

一般在秋季8~9月露地播种,也可早春在温室播种,秋播苗要比春播苗生长强健。播后7~10天出苗。苗期注意保持土壤湿润。冬季给予充足的光照,保持7~13℃,1月即可开花。还可在生长季节剪取健壮稍硬的枝条扦插。

龙头花

假龙头花 *Physostegia virginiana*

又称伪龙头花、随意草、如意草、一品香、芝麻花。为唇形科假龙头花属宿根草本植物，植株多分枝，叶披针形，先端渐尖，叶缘有锐齿。穗状花序，花朵排列密集，花色玫瑰紫色或白色，花期夏、秋季节。

假龙头花花期长，习性强健，耐热耐寒，可地栽植于庭院，也可盆栽观赏，也是很好的切花材料。

养护 假龙头花原产北美，喜温暖干燥和阳光充足的环境，适宜在排水良好的砂质土壤中生长，不宜植于低洼、盐碱地。平时管理较为粗放，夏季注意浇水，以保持土壤湿润；冬季将地上枯萎的部分剪除。该植物萌发力较强，每2～3年必须分栽一次，以免植物过密造成内部缺光，使得植株徒长，茎秆瘦弱倒斜，开花稀少。

繁殖 春季分株或播种繁殖。

假龙头花

白花假龙头花

石菖蒲&菖蒲&香蒲&庭菖蒲 &花菖蒲&黄菖蒲&唐菖蒲

　　在我国的民间，菖蒲是一种具有防疫驱邪作用的灵草，不少地区都有端午节时，悬艾叶、菖蒲叶于门、窗，饮菖蒲酒，以驱避邪疫的习俗，因此农历的五月也称为"蒲月"。"菖蒲"有狭义与广义之说。狭义上的"菖蒲"单指菖蒲科菖蒲属的菖蒲。而广义上的"菖蒲"则包括了菖蒲科的全部物种，甚至香蒲科、百合科、鸢尾科都有以"菖蒲"命名的植物。

石菖蒲 *Acorus gramineus*

　　别名菖蒲、随手香、回手香、九节菖蒲、金钱蒲。为菖蒲科菖蒲属多年生草本植物，根茎较短，长5～10厘米，横走或斜伸，有芳香；根肉质，多数，须根密集。根茎上部有分枝，呈丛生状；叶基对折，两侧膜质叶鞘，上延

石菖蒲

　　　　那些相似的花儿：160种花卉的辨识养护

至叶片中部以下，渐狭，脱落；叶质厚，线形，绿色，极狭，无中肋，平行脉众多。具叶状佛焰苞，肉穗花序黄绿色，圆柱形；果黄绿色。花期5～6月，果期7～8月。

人工栽培的石菖蒲个体极小，一般高仅3～5厘米。中国传统品种有金钱、虎须、香苗；近年又从日本、韩国引进了一些品种，主要有极姬石菖蒲（姬，在日语中是小的意思，极姬，表示极其小的品种）姬石菖蒲、黄金姬石菖蒲、有栖川石菖蒲以及胧月石菖蒲等。其评赏标准是以株型小而紧凑、叶短而宽、叶色润泽为上品。

菖蒲科原本是天南星科下的一个属（菖蒲属），但现代APG分类法认为是单子叶植物分支下的一个独立的目，有一科一属，种类也不多，只有菖蒲（*Acorus calamus*）、石菖蒲（*Acorus gramineus*）两种；也有的分类法认为是4种，甚至有些分类法认为是7种。

养护　石菖蒲在我国有着悠久栽培历史，古人曾总结出其盆栽养护方法："以砂栽之，至春剪洗，愈剪愈细，甚者根长二三分，叶长寸许。"《群芳谱》记载："春迟出，夏不惜，秋水深，冬藏密。"又云："添水不换水，添水使其润泽，换水伤其元气。见天不见日，见天挹雨露，见日恐粗黄。宜剪不宜分，频剪则短细，频分则粗稀。浸根不浸叶，浸根则滋生，浸叶则溃烂。"说的就是种养之道。

石菖蒲喜温度湿润和半阴或荫蔽的环境，怕烈日暴晒，不耐干旱和干燥，有一定的耐寒性。平时可放在空气湿润、

金叶石菖蒲

极姬石菖蒲

黄金姬石菖蒲

光线明亮又无直射阳光处养护，这样可保持其株型的低矮，要勤浇水。对于较小盆器栽种的植株可将花盆放在盛水的盘中养护，以保持空气和土壤湿润。夏季高温季节注意通风良好，避免闷热的环境。生长期可每月施一次稀薄的液肥，以防止因养分供应不足引起叶子发黄，叶色黯淡。冬季移入室内，不低于5℃可安全越冬。栽培中其老叶或叶尖会发黄，可用细剪剪掉，以保持美观。

每2年左右翻盆一次，盆土可用含腐殖质丰富的壤土、砂质土壤，也可用石子水培或赤玉土等颗粒土栽种，但黏重土不宜种植。

繁殖 分株或播种，大量繁殖则用组织培养的方法。

菖蒲 *Acorus calamus*

又名水菖蒲、白菖蒲，为菖蒲科菖蒲属多年生草本植物，根状茎粗壮，匍匐生长，叶丛生，剑形，细长，有隆起的中脉，花葶短于叶片，花序由绿色的叶状佛焰苞、肉穗花序柱状组成，花期4～7月。8月果熟，小浆果倒卵形，排列密集，红色。

菖蒲可盆栽观赏或植于庭院水边，除供观赏外，菖蒲的花、茎、叶都有浓郁的香味，具有开窍、祛痰、散风的功效，可祛疫益智，强身健体，历代的中医典籍均把菖蒲的根茎作为益智宽胸、聪耳明目、祛湿解毒之药。

养护与繁殖 习性与石菖蒲相似，可参考石菖蒲。

菖蒲

香蒲　　　　　　　　　水烛　　　　　　　　　小香蒲

香蒲 *Typha orientalis*

别名菖蒲、长苞香蒲、东方香蒲。为香蒲科香蒲属多年生水生或沼泽草本植物。根状茎乳白色，地上茎粗壮，向上渐细；叶片条形，光滑无毛，横切面呈半圆形，细胞间隙大，海绵状。花序棒状，雌花序长4.5～15.2厘米，雄花序长2.7～9.2厘米，雌雄花序紧密连接。可用于点缀园林水池、湖畔，构筑水景。其花序称"蒲棒"，常用于切花材料。花粉谓之"蒲黄"，可入药，味甘、微辛；性平，有止血、祛瘀、利尿的作用；叶片可用于编织、造纸等；幼叶基部和根状茎先端可作蔬食；雌花序可作枕芯和坐垫的填充物。

香蒲属植物有16种，中国产11种，南北均有广泛的分布。近似种水烛（*T. angustifolia*），其叶片较长，雌花序长15～30厘米，雄花序长20～30厘米，雌雄花序分离。小香蒲（*T. minima*），叶基生，鞘状，通常无叶片。雌雄花序远离，雌花序长1.6～4.5厘米，雄花序长3～8厘米。

养护与繁殖　香蒲喜高温多湿和阳光充足的环境。冬季能耐－9℃的低温，夏季超过35℃则生长缓慢。适水深度20～60厘米，但也能耐70～80厘米的水深。在有机质含量丰富、淤泥层深厚的肥沃土壤中生长良好。

繁殖　可在春季播种或分株。

庭菖蒲 *Sisyrinchium rosulatum*

为鸢尾科庭菖蒲属多年生草本植物，株高15～25厘米，须根纤细，茎细下部有分枝，节常呈膝状弯曲；叶狭条形；花序顶生，花色有淡紫、灰白、蓝等颜色，喉部黄色，花期4～5月。同属植物100余种，与庭菖蒲相似的种类有小花庭菖蒲、阔瓣庭菖蒲、狭叶庭菖蒲、大西洋庭菖蒲等。此外，还有开黄色花的加州庭菖蒲（*S. californicum*）。在园艺栽培中它们统称为"庭菖蒲"。

庭菖蒲植株不大，习性强健，盆栽观赏富有大自然野趣，也可地栽美化庭院，布置花坛。

养护　庭菖蒲喜温暖湿润和阳光充足的环境，耐半阴，对土壤要求不严，但在肥沃疏松的砂质土壤中生长最好。生长期宜放在光线明亮之处养护，若光照不足会造成植株徒长，茎叶羸弱，但夏季高温时仍要注意遮阴，以避免烈日灼伤叶子。平时应经常浇水和向植株喷水，以保持土壤、空气湿润，但也不要土壤长期积水或将植株泡在水里，以免基部腐烂。花期可向叶面喷施磷酸二氢钾，以补充磷钾肥，有利于开花。平时注意剪除枯黄的叶子，以保持美观。

繁殖　以春季或生长季节分株为主。

加州庭菖蒲

庭菖蒲

花菖蒲 *Iris ensata* var. *hortensis*

为鸢尾科鸢尾属多年生宿根草本植物，是挺水型水生花卉。根状茎短而粗，须根较多。叶线形，中脉凸起，两侧脉较平整。花莛直立并伴有退化叶1～3枚。花色丰富，有红、白、紫、蓝等色。

花菖蒲是由玉蝉花（*I. ensata*）杂交选育获得的鸢尾类群，有100多个品种。原产于日本，故国际上称之为日本鸢尾。花菖蒲是所有鸢尾属植物中直径最大、花期最晚的一个类群，花朵直径一般为12.5～23厘米，最大可达30厘米，花期5～6月。

花菖蒲叶片青翠似剑，品种丰富，花型多姿，色彩斑斓，可盆栽观赏或花园中丛植、片植，因其花朵硕大，花梗挺拔，还可作切花瓶插观赏。

养护　花菖蒲喜温暖湿润和阳光充足的环境，不耐旱，可种植在浅水中，适宜在微酸性至中性，且含腐殖质丰富的土壤中生长。盆栽时应选择较大的盆器，并在土壤中掺入复合肥或腐熟的有机肥。平时保持土壤湿润，勿使干燥。秋末初冬将地上枯萎的部分剪除，使根茎以休眠的方式，在土壤中度过寒冷的冬季。

繁殖　每隔3～4年将植株挖出，修剪根茎后进行分株繁殖，一般在春季、初夏或花后进行。此外，也可进行播种繁殖。

花菖蒲

黄菖蒲 *Iris pseudacorus*

别名黄花鸢尾、水生鸢尾。为鸢尾科鸢尾属多年生草本植物，根状茎粗壮，斜伸，节明显。基生叶灰绿色，宽剑形，顶端渐尖，基部鞘状，色淡，中脉较明显，茎生叶比基生叶短而窄。花茎粗壮，有明显的纵棱，上部分枝；花黄色，5~6月开放。

黄菖蒲适应性强，是少有的陆生与水生兼用花卉，可植于浅水中作水景造型，也可与建筑物、景石等搭配，自然和谐，富有野趣。其干燥的根茎可缓解牙痛，还可调经，治腹泻，作染料。

养护与繁殖　与花菖蒲近似，可参考。

1. 黄菖蒲

2. 黄菖蒲

3. 黄菖蒲水景

1	2
3	

唐菖蒲 *Gladiolus gandavensis*

别名菖兰、剑兰、扁竹莲、十样锦、十三太保。为鸢尾科唐菖蒲属球根植物，球茎扁球形，茎粗壮直立，无分枝或少有分枝，叶硬质剑形。花茎高出叶上，蝎尾状聚伞花序顶生，着花12~24朵排成两列，侧向一边，少数为四面着花；花大形，左右对称；花冠筒呈膨大的漏斗形，稍向上弯，花色有红、黄、白、紫、蓝等深浅不同的单色或具复色品种，或具斑点、条纹或呈波状、褶皱状；自然花期夏秋季节，人工环境中也可在其他季节开花。

唐菖蒲是著名的鲜切花品种，亦可盆栽观赏，但需要选择那些株形矮壮紧凑、容易开花、花期长的品种。

养护 唐菖蒲喜温暖湿润和阳光充足的环境，适宜在疏松肥沃、排水良好的微酸性砂质土壤中生长。最佳生长温度25℃左右，虽然4℃左右就能发芽，但在10℃以下生长较为缓慢；而高于30℃时植株虽然不会死亡，但生长缓慢，开花较少。生长期宜保持土壤湿润，尤其是花箭的抽生期，更要给予充足的水分，但要避免土壤积水，以防球茎腐烂。每3~4周施一次稀薄液肥，孕蕾期可增施磷钾肥，以使花大色艳，延长花期。10~11月花谢后，可掘出种球，老的球茎就不要了，新的球茎按大小分开，放在5~10℃干燥通风之处贮藏，翌年春季再植于土壤中。

繁殖 以分株为主。亦可播种或组织培养。

唐菖蒲

德国鸢尾&荷兰鸢尾

鸢尾，因花似鸢鸟的尾巴而得名，是对鸢尾科鸢尾属草本植物的统称，约有300个原始种以及大量的园艺种。根据地下茎的不同，可分为以德国鸢尾为代表的根茎鸢尾和以荷兰鸢尾为代表的球根鸢尾两大类。

鸢尾属植物广泛分布于北半球的温带地区，无论什么品种、花色的鸢尾花，其花朵都由6个花瓣状的叶片构成的包膜、3个或6个雄蕊和由花萼包着的子房组成，这也是鸢尾属植物的一个重要特征。

德国鸢尾 *Iris germanica*

为鸢尾科鸢尾属多年生草本植物，具粗壮肥厚的根状茎；须根肉质。叶直立或略弯曲，剑形，绿色，常具白粉。花大，最大直径可达18厘米，部分品种花具有香气，花色因品种而异，有淡紫、蓝紫、黄、白、褐以及复色等颜色，垂瓣颈部有髯毛。花期4~5月，果期6~8月。品种有印度首领、蓝眼、香槟、秋季马戏团、不朽白等。

德国鸢尾是根茎类鸢尾的代表物种。所谓根茎类鸢尾也称块根类鸢尾、宿根鸢尾，根状茎粗壮肥厚。花通常分为内外两轮，其中内轮3瓣称为旗瓣，外轮3瓣称为垂瓣，在垂瓣基部有髯毛状附属物者称有髯鸢尾。像德国鸢尾以及香根鸢尾（银苞鸢尾）、黄褐鸢尾、无叶鸢尾等种类。有冠状附属物者称饰冠鸢尾，

像蓝蝴蝶等；无附属物者称无髯鸢尾。

养护 德国鸢尾原产欧洲中部和南部，喜阳光充足和温暖湿润的环境，最适生长温度为15~25℃，适合在腐殖质丰富、排水性良好的微碱性（pH7.0~7.2）轻壤土或砂壤土栽植。耐半阴，在春、秋两季可以接受全光照，但夏季强烈光照时必须遮阴，否则易导致部分深色花朵发生"日灼"现象。植株长势减弱，缺乏光泽和精神，甚至全株叶片的尖端变黄。也耐寒冷，怕炎热和积水。其管理较为粗放，要求土壤排水良好，每年的早春移栽定植，栽种前施足基肥，栽种不宜过深，以根茎不外露为宜。开花前和花谢后各施一次腐熟的稀薄液肥，生长期注意浇水，花谢后植株处于休眠状态，应控制浇水，雨

1. 德国鸢尾
2. 印度首领（印第安酋长）
3. 蓝眼
4. 秋季马戏团
5. 香槟

季注意排水，勿使土壤积水造成根茎腐烂。

德国鸢尾忌长期连作，盆栽植株最好每年都要翻盆换土，否则感染病菌病毒，轻者影响生长开花，重者根茎腐烂，植株死亡。地栽植株可以用日光暴晒的方法对土壤进行消毒，尤其是夏季，将土壤翻晒，可有效杀死大部分病原菌、虫卵等。

繁殖 栽植3～4年后以分株繁殖为主，在春秋季节或花后结合分栽进行，方法是选择多年生的老株，用利刀将其切成每3～4芽一丛，将伤口涂抹木炭粉栽植。具体方法是：在花盆或营养钵中放入 2/3 左右的培养土，轻轻压实。然后把消毒灭菌后的根状茎置于营养钵中央。每个花盆或营养钵放入1～3个根状茎即可。确保根状茎上芽点向上，然后向花盆或营养钵中填满培养土，稍稍压实，确保土面与营养钵边缘留有1～2厘米的距离。

也可在9～10月进行播种，播后置于冷室内，经低温后，翌年的春季出苗。德国鸢尾无性繁殖能力较强，可用幼嫩叶片作为外植体进行组织培养，能够缩短繁育周期，有效保持优良性状。

荷兰鸢尾 *Iris × hollandica*

为鸢尾科鸢尾属多年生草本植物，是西班牙鸢尾及其变种的种内杂交种。球茎卵圆形，栽后当年生根，翌年先长出4～6片鞘叶，然后长出1～2片根出叶，最后才是花茎的生长，茎生叶1～2片。一般每个花茎开花2～3朵，花径8～12厘米，花色有黄、白、蓝紫等，旗瓣直立，倒披针形，垂瓣先端宽阔，稍下垂，每个垂瓣上都有着独特的脉纹和金黄色的花斑。花期4月中旬。其花姿优美飘逸，是近年来发展较快、种植较为普遍的球根鸢尾。品种有蓝宝石、交响乐等。

荷兰鸢尾属于球茎类鸢尾。所谓球茎类鸢尾也叫球根鸢尾，其地下茎发育成球形鳞茎。主要有英国鸢尾、西班牙鸢尾、荷兰鸢尾、网脉鸢尾等几种。

养护 荷兰鸢尾喜凉爽湿润和阳光充足的环境，稍耐阴，耐干旱，怕酷热。一般秋冬生长，春天开花，夏季休眠。

适宜在排水良好的砂质土壤中生长，也可用其他肥沃疏松的土壤栽培，因其对盐类和氟元素较为敏感，尽量不要施用化肥和过磷酸钙，也不要连作，盆栽的话每年都要换盆换土。一般在秋季栽种，栽后覆土3厘米左右，以后保持土壤湿润而不积水，若土壤肥沃，并有充足的基肥，生长期可不必施肥，当冬季气温下降到0℃以下时，应注意保温。早春的花茎伸长阶段，应经常浇水，以促进花茎的延伸增高。花谢后是新球茎膨大阶段，应适当施肥，以保证有充足的水肥供应，使新球茎肥大充实。5～6月待叶子枯萎后，可选择晴朗的天气，将球茎掘出，放在干燥、通风、凉爽处养护，温度不宜过高，否则对花芽分化有抑制作用。

繁殖 以分株为主，也可采用播种。国外也有用腋芽、鳞片等外植体，离体培养成新的种球。

交响乐

蓝宝石

牵牛&块根牵牛&矮牵牛

牵牛，是植物中的大家族，除了人们熟知的牵牛花、矮牵牛外，还有种类繁多的块根牵牛、小花矮牵牛等。

牵牛 *Pharbitis nil*（异名 *Ipomoea nil*）

又叫牵牛花、朝颜、大花牵牛、喇叭花。为旋花科牵牛属一年生草本植物，茎细长，多呈逆时针方向缠绕生长，茎上被有倒向的短柔毛及长硬毛。叶宽卵形或近圆形、深或浅的3裂、5裂。花漏斗形，最大达10厘米以上，蓝紫色或紫红色；园艺种则有粉、白及复色等，花瓣边缘的变化也很丰富，有细裂状的，有褶皱状的，

牵牛

那些相似的花儿：160种花卉的辨识养护

牵牛

牵牛

有呈波状的，此外还有重瓣、半重瓣品种以及不缠绕的矮性变种、叶面上有斑纹的花叶品种，花期6～10月。

牵牛的花多在早上4点左右开放，10点左右逐渐枯萎，每朵花的寿命只有几个小时。因此，观赏牵牛花的最佳时间是每天的清晨，此时的花朵清新动人，最能体现其独有的韵味。蒴果近球形，种子卵状三棱形，黑褐色或土黄色。

牵牛属植物约有24种，广泛分布于温带和亚热带，我国有3种。见于栽培的还有圆叶牵牛、裂叶牵牛、掌叶牵牛、三色牵牛等品种。

牵牛的种子还可入药，在中医中黑色的牵牛花种子称"黑丑"，土黄色的称"白丑"，其性寒、味辛、苦，有小毒，主治水肿、脚气、虫积腹痛、食滞、大便秘结，并有泻下利尿的功能，治肾炎、肝硬化积水等多种疾病。

养护与繁殖 牵牛喜阳光充足的温暖环境，不耐寒，能耐干旱和瘠薄的土壤，但在肥沃湿润的土壤中生长更好。一般在春季4月初播种，播后覆土1厘米左右，小苗2片真叶时带土球移栽定植。4～5片真叶时进行摘心，以促进分枝，并设立支架，供其攀缘。生长期宜保持土壤湿润，每半月施一次腐熟的有机液肥或复合肥。牵牛的蒴果成熟后能自动开裂，种子很容易散失，如果留种的话，应分批采收。

名相近

块根牵牛

块根牵牛是对旋花科番薯属几种具有肥大块根（块茎）植物的统称，有何鲁牵牛（*Ipomoea bolusiana*）、布鲁牵牛（*I. holubii*）、螺旋牵牛（*I. platensis*）、鸡骨牵牛（*I. pubescens*）、赞比亚牵牛（*I. lapathifolia*）等，甚至把我们经常食用的红薯也戏称为"块根牵牛"，因为红薯也是旋花科番薯属的植物，其花酷似牵牛花。

块根牵牛硕大的根茎古拙质朴，与娇艳的花朵，翠绿的叶子相映成趣，其中不少种类还是收藏级别的花卉，像何鲁牵牛、布鲁牵牛等，盆栽观赏自然大气，富有野趣。

养护 块根牵牛喜温暖干燥和阳光充足的环境，耐干旱，怕阴湿。生长期给予充足的阳光，若光照不足，枝条徒长，开花困难。避免盆土积水，以免块根腐烂，每月施一次稀薄液肥，也可将颗粒肥料放在土壤里，释放养分，供植株吸收。冬季植株处于休眠状态，枝叶干枯，可移入室内光线明亮之处养护，严格控制浇水，甚至可以完全断水，等翌年春天萌芽后再恢复正常管理。每1～2年的春天翻盆一次，盆土要求疏松透气，排水性良好，具有一定的颗粒度。对于藤蔓型的块根牵牛应设立支架供其攀爬。

繁殖 以播种为主。

1	2
3	4

1.何鲁牵牛

2.螺旋牵牛

3.鸡骨牵牛

4.布鲁牵牛

矮牵牛 *Petunia* × *hybrida*

又称碧冬茄。为茄科碧冬茄属多年生草本植物，常作一二生草花栽培。叶卵形，全缘。园艺品种极多，按株型分有匍匐种、直立种、丛生种、高性种、矮性种等类型。单瓣花呈漏斗形，重瓣花球形，花色有白、黄、紫、淡蓝以及各种红色，并镶有其他颜色的花边或条纹，在适宜的环境中全年都可开花。

矮牵牛花色丰富，花期长，开花量大，可地栽布置花坛、景点，盆栽点缀阳台、窗台效果亦佳，有些品种还可作吊盆，悬挂观赏。

养护 矮牵牛喜温暖湿润和阳光充足的环境，不耐寒，怕积水，也怕长期干旱。生长期要求有充足的阳光，如果光照不足，会影响开花。保持土壤湿润而不积水，每15天左右施一次腐熟的稀薄液肥。注意打头摘心，以促进分枝，使株型丰满，多开花。适宜在含腐殖质丰富的砂质土壤中生长。

繁殖 多用扦插、播种等方法。

1	
2	3

1. 矮牵牛景观
2. 矮牵牛
3. 重瓣矮牵牛

小花矮牵牛 *Calibrachoa hybrids*

又称非洲矮牵牛、迷你矮牵牛。为茄科小花矮牵牛属（舞春花属）多年生草本植物，常作一二年生草花栽培。叶椭圆或卵圆形，花冠喇叭状，花形有单瓣、重瓣、瓣缘皱褶或呈不规则锯齿等，花色有红、白、粉、紫及各种带斑点、网纹、条纹等。

舞春花是小花矮牵牛与矮牵牛的杂交种，因其遗传性状更接近小花矮牵牛，也被称为小花矮牵牛，又因其花朵似铃铛，数量繁多，而被称为"百万小铃"。与普通的矮牵牛相比，舞春花的花和叶都不大，但开花量大，花朵更为密集，花期更长，而且花瓣质厚，花朵更加上挺。

养护与繁殖　与矮牵牛近似，可参考进行。

舞春花

舞春花

形相似

在「花儿」的世界中，有一些种类外形非常相似，但在植物分类中却是两种完全不同的植物，其习性和日常管理也有着较大的差异。

洋常春藤&金玉菊&长春蔓

绿玉菊、金玉菊以及长春蔓因形态酷似洋常春藤，而常常被当做"常春藤"。实际上它们是完全不同的三种植物，不同科也不同属，更不同种，仔细观察，它们的形态还有较大的差异，习性也不同。但都具有枝条阿娜飘逸，叶色或翠绿如碧，或斑驳多彩的特点，是优美的室内观叶植物。

洋常春藤 *Hedera helix*

花市上通常称为常春藤，别名欧洲常春藤、英国常春藤、旋春藤。为五加科常春藤属常绿藤本植物，枝上有星状毛，可利用气生根攀附，单叶互生，叶片3～6裂，有时不分裂，呈卵状，全株的叶形也不统一，叶色深绿，质薄，柔

1. 中华常春藤
2. 中华常春藤的果实
3. 花叶常春藤
4. 阿尔及利亚常春藤

1	2	4
	3	

冰雪常春藤

韧性好，不易折断。伞形花序顶生，小花白绿色；果实球形，黑色。常春藤的品种很多，幼枝偶有突变，即成为新品种，目前被承认的品种已有上百种，其叶色变化丰富，除绿色的深、浅变化外，还夹杂着灰绿、黄绿、乳黄、金黄、白等颜色的点状、块状或条状的花纹；枝条和叶柄也有紫色、红色的变化；此外，叶片的大小和叶形也有一定的变化。主要有金心常春藤、花边常春藤、冰雪常春藤、针叶常春藤、芝加哥常春藤、微型常春藤等品种。

本属中常见的还有阿尔及利亚常春藤（*H. algeriensis*，该种常被当做加纳利常春藤）及斑叶变种；中华常春藤（*H. nepalensis* var. *sinensis*）等种类。

洋常春藤枝叶自然飘逸，常作吊盆种植，悬挂或置于较高的几架、柜顶观赏，也可植于庭院，种于山石旁。其全株可供药用，有舒筋散风之效，茎叶捣碎治衄血，也可治痛疽或其他初起肿毒。

养护 洋常春藤喜温暖湿润的半阴环境，适宜在含腐殖质丰富、肥沃疏松、排水透气性良好的砂质土壤中生长。主要生长期为春秋季节，宜放在光线明亮，

洋常春藤

洋常春藤

又无直射阳光处养护，如果光线过强会灼伤叶片；平时勤浇水和向植株喷水，以保持盆土和空气湿润，可避免基部叶片脱落，并使叶色美观。每15～20天左右施一次腐熟的稀薄液肥或"低氮，高磷钾"的复合肥。夏季高温时植株生长缓慢，可放在通风良好处养护。栽培中应及时摘除烂叶、干枯叶，以保持株形的美观，枝条过长时，注意摘心，以促发新枝，使株形丰满。冬季移入室内光线明亮之处，可耐5℃，甚至短期的0℃低温。

繁殖 在生长季节扦插或压条。如果能采集到种子，也可用播种繁殖。

绿玉菊 *Senecio macroglossus*

为菊科千里光属多肉植物，植株匍匐或悬垂、向上攀缘生长，茎圆柱形，红褐色；叶互生，叶肉质，上部近似于三角形，较厚，很脆，容易折断，叶色深绿，有光泽和浅色的脉纹。花黄白色。金玉菊（也称白金菊）为绿玉菊斑锦变异品种，叶柄紫红色，叶面上有不规则的黄、白色斑纹，有时整个叶面都呈黄白色。

养护 喜温暖干燥的半阴环境，怕积水。日常管理与常春藤基本相似，但较为耐旱，平时注意控制浇水，以免水大造成烂根。

繁殖 可在生长季节进行扦插，插穗最好晾1～2天，等伤口干燥后再进行，以避免腐烂。

1.金玉菊
2.绿玉菊
3.绿玉菊的花

| 1 | 2 |
| | 3 |

长春蔓 *Vinca major*

中文正名蔓长春花，别名缠绕长春花。为夹竹桃科蔓长春花属常绿蔓生植物，茎平卧或下垂，叶对生，椭圆形，边缘有毛。花单生于叶腋，花冠有筒，漏斗状5裂，向左卷旋，蓝色。另有花叶变种花叶蔓长春花，其叶片上有黄色斑纹。

长春蔓常作吊盆栽种，也可植于花箱之中，因其适应性强，覆盖性良好，可作为庭院地被植物或与岩石搭配，都有着很好的效果。

养护　长春蔓喜温暖湿润和阳光充足的环境，对土壤要求不严，但疏松肥沃、排水良好的土壤更适合其生长。生长期宜保持土壤和空气湿润，勤浇水和向植株喷水。夏季高温时注意遮阴，以避免因烈日暴晒引起的叶子老化。冬季适当控制浇水，能耐0℃，乃至更低的温度。

繁殖　可在生长季节进行扦插，也可结合翻盆进行分株。

花叶长春蔓

花叶长春蔓的花

弹簧草＆螺旋灯心草

弹簧草与螺旋灯心草都有着扭曲的叶子，而且叶形相差不大。常有人将其弄混，把螺旋灯心草当做弹簧草。二者形态奇特富有趣味，通常作为奇花异草栽培欣赏。

弹簧草

广义上的弹簧草是对叶片扭曲盘旋、形似弹簧这类植物的统称。涵盖了风信子科、石蒜科、鸢尾科等科的近百种植物，基本特点是植株具鳞茎或肥大的肉质根，叶子卷曲生长，其宽窄和卷曲程度有所差异，休眠期叶子干枯。还根据叶子的卷曲程度，形象地分为"钢丝弹簧草""方便面弹簧草""宽叶弹簧草""海带弹簧草""蚊香弹簧草"等。

细叶弹簧草（*Albuca namaquensis*）别名弹簧草，为风信子科哨兵花属植物，具球形鳞茎。叶线形或带状，扭曲盘旋生长，花梗由叶丛中抽出，总状花序，小花下垂，花瓣正面淡黄色，背面黄绿色，花期春季。同属中的*A. spiralis*也被称为弹簧草，其叶尖的卷曲程度更高，但光照不足和潮湿的环境中，叶的卷曲程度下降，二者很难区别。

哨兵花属的弹簧草还有毛叶弹簧草（*A. viscose*），其叶上有白色毛刺。钢丝弹簧草（*A. spiralis*异名*A. bruce-bayeri*），其

弹簧草

毛叶弹簧草

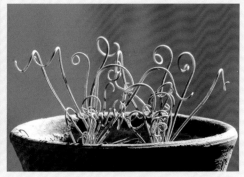

钢丝弹簧草

毛叶弹簧草的花

叶稍硬，直立，扭曲如钢丝。同属中的 *A.halli* 也被称为钢丝弹簧草，其叶只在顶部卷曲。

宽叶弹簧草（*Ornithogalum concodianum* 异名 *Albuca concordiana*） 为风信子科虎眼万年青属多年生草本植物，具圆球状鳞茎。叶长条形，先端尖，扭曲向上生长，总状花序，花朵黄色，中央有绿色条纹，花期 2～4 月。根据叶子的卷曲程度有"发卷""特卷"等类型，其卷曲程度越高，观赏价值也就越高。需要指出的是，宽叶弹簧草叶子的卷曲程度除了品种外，还与栽培环境有着很大的关系，在阳光强烈而充足、昼夜温差大、稍微干燥的环境中卷曲程度最高。该属的狂乱弹簧草（*O. osmynellum*）以及夏天生长的夏弹簧草（*O. glandulosum*）等也常见于栽培。

夏弹簧草（*Drimia elatacrispum*） 为风信子科辛球属植物，鳞茎呈松散的莲座状排列，叶子卷曲。该属还有超卷毛弹簧草（*D. ciliare*）等弹簧草。

夏季生长。播种或分株繁殖。

方便面弹簧草（*Bulbine torta*） 属风信子科鳞芹属植物，叶片卷曲似方便面。花黄色。

冬型种，播种或分株繁殖。

G 属弹簧草 是对石蒜科香果石蒜属（*Gethyllis*）植物的统称，全属约 32 种，知名度较高的有蚊香弹簧草（*G. linearis*）、金刚钻（*G. setosa*）、宽毛弹簧草（*G. villosa*）以及 *G. grandiflora*、*G. verticillata* 等。其鳞茎埋藏于地下的，具美丽的叶鞘，有些种类叶鞘上还有美丽的刺毛。大部分品种的叶子卷曲或盘旋，少部分种类的叶子呈直线型或匍匐生长，叶形也有很大差异，有些种类叶上还有白色的毛或刺。盛夏，叶子枯萎，植株开始开花。花期无叶，所需的养分由球茎贮藏的养分提供，花白色或粉红色，有香甜的气味，每朵花开3～5天。子房在叶鞘上部，紧挨着球根，被深埋在土壤里。异花授粉完毕后，子房膨胀，3～4

1 | 2
3 | 4

1. 宽叶弹簧草
2. 宽叶弹簧草的花
3. 夏弹簧草
4. 方便面弹簧草

形相似

个月后，果实成熟，顶出地面，散发出浓郁芳香。果实形状、大小、颜色根据种类的不同有很大差异，内有种子。其种子一旦离开果实，很快就会萌发，若赶上雨季，土壤湿润，根系扎入土壤，开始新的生命旅程，若干旱少雨，土壤干燥，种子在数周内枯死。

G属弹簧草的主要产地是南非，冬型种植物，具有夏季高温季节休眠、秋天至翌年春天冷凉季节生长的习性，其养护可参考弹簧草。不易出仔球，多用播种的方法繁殖，其种子的发芽对新鲜程度要求较高。种植时要浅埋鳞茎。其根系也比较脆弱，定植后切忌经常移植或翻盆。

海带弹簧草（*Trachyandra tortilis*）

为石蒜科粗蕊百合属植物，根状茎肥大，叶扭曲似海带。花灰白色，有黄绿色中脉。

粗蕊百合属（*Trachyandra*）植物统称"T属弹簧草"，产于南非的纳马夸兰地区，植株具粗壮的根状茎，叶子根据品种的不同，宽窄有所差异，有些种类叶子上还有毛刺，其卷曲方法也不同，有的折叠，有的扭曲。知名度较高的种类有海带弹簧草以及方便面弹簧草（*T. revoluta*），该属的*T. falcata*也经常被称作海带弹簧草，但叶子根本就不卷。

1.*Gethyllis namaquensis*

2.*Gethyllis verticillata*

3.*Gethyllis grandiflora*

4.*Gethyllis verticillata*

5. 宽毛弹簧草

6. 全刚钻

蚊香弹簧草

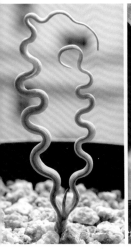   

海带弹簧草　　海带弹簧草的叶　　　　海带弹簧草的花　　　　毛海带弹簧草

　　卷叶垂筒花（*Cyrtanthus spiralis*）　别名欧洲弹簧草。为石蒜科垂筒花属植物，其花形很像百合花，据说在原产地南非，当山林大火后才开放，因此又有火烧百合的别名。鳞茎球形，外被褐色膜，叶绿色，带状，盘旋生长。花橙红色，筒状，下垂，多在夏季开花，其他季节也能开放。

　　垂筒花属植物种类很多，但叶子卷曲生长的却不多，仅有3～4种，本种是卷曲程度最高、叶子最宽的种类。此外，还有*C. smithiae*，其花为白色，花形较大；*C. obliquus*，其花橙红色，先端为绿色。

　　卷叶垂筒花喜温暖干燥和阳光充足的环境，耐干旱，怕积水和光照不足，在适宜的环境中一年四季都可以保持叶子的青翠而不枯萎，只有在长期处于干

旱状态或冬季过于寒冷时，叶子才会枯萎，植株进入休眠状态。而不是像其他种类的弹簧草那样，在夏季高温季节叶子枯萎，植株进入休眠状态。

　　国王弹簧草（*Pancratium sickenbergeri*）别名以色列国王弹簧草。石蒜科全能花属植物，鳞茎具褐色膜；叶带形，顶端尖，在阳光强烈、昼夜温差大的环境中，叶卷曲呈弹簧状，否则只是略有扭曲而已。花大，白色，具清香，夏秋季节开放。

　　夏型种。用播种或分株繁殖。

　　波叶布冯（*Boophane haemanthoides*）别名布冯、巨凤之卵。为石蒜科刺眼花属植物，鳞茎硕大，长球形，外包裹黄褐色的枯皮。叶灰绿色，两列对生，呈扇形排列，叶缘向上翻，并呈现波浪形卷曲。

花为玫红色，呈伞状花序，花瓣狭长。近似种布冯（*Boophane disticha*）别名刺眼花，鳞茎外包裹褐色枯皮，叶两列对生，灰绿色，稍直立，叶缘略呈波浪状。伞状花序，花瓣狭长，粉红色。

夏型种，冬季休眠。本种不易生仔球，通常用播种的方法繁殖。

鸢尾科弹簧草 是指鸢尾科属叶子卷曲或扭曲的植物，主要有酒杯花属的酒杯弹簧草（*Geissorhiza corrugata*）；肖鸢尾属的蓝花肖鸢尾弹簧草（*Moraea*

pritzeliana）以及南红花属的 *Syringodea longituba* 等种类。其特点是植株具小块茎或鳞茎，叶子卷曲或扭曲生长，或直立或匍匐。花色以黄、蓝紫色为主。

原产非洲的干旱沙漠地带，夏季深度休眠，冷凉季节生长。

养护 大多数的弹簧草为冬型种植物，喜凉爽干燥和阳光充足的环境，怕湿热，有一定的耐寒性。秋季至翌年春季的冷凉季节是其主要生长期，应给予充足的光照，尤其是秋季新叶刚萌发的

1	2	3
4	5	6

1. 卷叶垂筒花 2. 卷叶垂筒花的花 3. 宽毛弹簧草的花
4. 国王弹簧草 5. *Cyrtanthus smithiae* 6. 蚊香弹簧草的花

时候，更要有足够的阳光，若光照不足会使叶片细弱，卷曲程度差，叶的基部变得又嫩又脆，很容易造成叶子倒伏折断。而在阳光充足处生长的植株叶子粗壮，盘旋扭曲，具有较高的观赏性，因此在这个季节最好能放在室外阳光充足、通风良好、有较大昼夜温差之处养护（俗称"野养"或"露养"）。等室外温度降至0℃左右后，移到室内光照充足处养护。总之，充足的阳光是养好弹簧草的关键。

生长期宜保持土壤湿润而不积水，若长期干旱缺水，植株虽然不会死亡，但生长停滞，叶片发黄，甚至枯萎；而盆土长期积水，则会造成鳞茎腐烂。如果栽培土壤肥沃，栽培中一般不必另外施肥，但在春天可每7～10天施一次腐熟

的稀薄液肥或向叶面喷施磷酸二氢钾肥液，以促进开花。

5月中下旬随着温度的升高，地上的叶片逐渐枯萎，植株进入休眠状态，可将干枯的叶子清除，鳞茎仍留在原盆中度夏，注意控制浇水，避免雨淋，以防因积水造成鳞茎腐烂。

翻盆在8月立秋后（其具体时间跟栽培环境及气候条件有关系），新芽萌发时进行，盆土要求肥沃疏松，含腐殖质丰富，具有良好的排水透气性，可用腐叶土或草炭土3份、蛭石或砂土2份混合配制，并掺入腐熟的饼肥或者其他有机肥料。换盆时除去枯根，栽种时将鳞茎露出土面1/3左右，栽后浇透水，放在光照充足处养护，以后注意保持土壤湿润，期待新叶的长出。

波叶布冯　　　　　　　　　　布冯　　　　　　　　　　波叶布冯俯视图

繁殖 分株，主要适用于那些容易萌发仔球的种类，像弹簧草、宽叶弹簧草、毛叶弹簧草等，一般在秋季结合翻盆进行。

播种适用于大多数种类的弹簧草，对于那些不易生仔球的G属弹簧草、T属弹簧草等尤为适用，一般在秋冬季节进行。

1	2
3	4
5	6

1. 蓝花肖鸢尾弹簧草　　　　　2.*Moraea tortilis*

3. 酒杯弹簧草（*Geissorhiza corrugata*）　　4.*Syringodea longituba*

5. 弹簧草　　　　　6. 因光照不足徒长的弹簧草

形相似

螺旋灯心草 *Juncus effusus f. spiralis*

也称旋叶灯心草，为灯心草科灯心草属多年生草本植物，密生棕色须根，地上部分无茎，叶丛生，直立或斜向生长，基部具浅棕色至灰白色叶鞘，叶细圆形，中空，扭曲盘旋，很像弹簧，绿色。聚伞花序假侧生，花朵不甚显著，观赏价值也不高。主要品种有弯箭、弯镖等。此外，还有直叶型灯心草。

养护 螺旋灯心草喜阳光充足、温暖湿润的环境，耐寒冷，耐半阴，不怕积水，不耐干旱，对土壤要求不严，但在肥沃、保水性良好的土壤中生长最好。无论什么时候都要给予足够的光照，如果光照不足，不仅叶的卷曲程度不够，而且还会导致叶子徒长，发黄，疲软瘦弱，而且容易折断，因此最好能在室外全阳光处养护。因其是沼泽植物，不论何时都要保持土壤湿润，切不可长期干旱。生长期每7～10天施一次腐熟的稀薄液肥或复合肥。螺旋灯心草具有很强的耐寒能力，据国外种子公司提供的资料，冬季能耐−25℃的低温，但根据实际观察，冬天如果长期低于0℃，植株虽然不会死亡，但叶子发黄，顶端干枯，丧失观赏性。因此，冬季最好在室内光照充足处越冬。平时注意摘除干枯的叶子，以保持植株的优美。

春季或初夏进行换盆，盆土用园土掺少量的腐殖土，并在盆底放置腐熟的饼肥或其他有机肥作为基肥。

繁殖 结合春季翻盆或在生长季节进行分株。播种多用于批量繁殖。

螺旋灯心草

螺旋灯心草的花

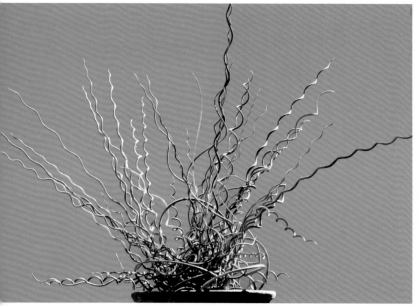

金心吊兰 & 金叶薹草

　　金心吊兰与金叶薹草是两种形态较为接近的植物，二者都有修长的叶子，叶面上还有黄白色条纹，不少人将其混淆，仔细观察它们还是有着很大的区别。

金心吊兰 *Chlorophytum comosum* 'Medio-pictum'

　　为天门冬科吊兰属常绿草本植物，植株丛生，具肉质状的短根茎，横走或斜生，叶细长，条状披针形，基部抱茎，鲜绿色，中间有较宽的黄白色纵条纹，叶腋中抽出白色匍匐茎，弯曲下垂，顶端长有带气生根的新植株；总状花序顶生，也生于匍匐茎上，小花白色，蒴果扁球形。

　　吊兰是较为常见的观叶花卉，品种很多，除金心吊兰外，还有吊兰、金边吊兰、银边吊兰、银心卷叶吊兰等品种。其叶秀美，修长的匍匐茎上长着一丛丛小叶，摇曳生姿，富有动感，可盆栽陈设于几架、窗台、阳台等处，作吊盆观赏效果尤佳。其根或全草入药，味甘、微苦、性凉，有化痰止咳、散瘀消肿、清热解毒之功效。

　　养护　金心吊兰为园艺品种，喜温暖湿润的半阴环境，不耐寒，怕烈日暴晒。夏季高温时宜适当遮阴，以免强烈的直射阳光灼伤叶片，造成叶尖干枯，其他季节则要给予充足的光照。平时保持空气和盆土湿润，但不要积水。生长期每20天左右施一次腐熟的稀薄液肥或复合肥。冬季放在室内光照充足处养护，控制浇水，使植株休眠，也能耐5℃，甚至短期的0℃低温。栽培中应随时剪去干枯的叶片，以保持植株的美观。春季翻盆，盆土宜用疏松肥沃、含腐殖质丰富、排水透气性良好的砂质土壤，换盆时去掉腐烂的根，将没有吸收能力老根剪掉，摘除枯叶和缺乏美感的老叶，用新的培养土栽种。

　　繁殖　以分株、扦插为主，分株一般结合春季换盆进行。扦插则在生长季节进行，把匍匐茎前端的小植株剪下，栽入盆中即可。

1.金心吊兰

2.吊兰

3.金边吊兰

金叶薹草 Carex munda (异名 Carex oshimensis 'Evergold')

也作金叶苔草、金丝薹草。为莎草科薹草属多年生草本植物，植株无茎，叶从基部丛生，叶细条形，两边叶缘为绿色，中央有黄白色纵条纹。穗状花序，花期4~5月，小坚果，三棱形。

同属中见于栽培的还有叶色呈棕色的"棕叶薹草（也称古铜薹草）"，其叶子几乎没有绿色，看上去就像干枯了似的，非常有趣。金叶薹草叶片飘逸自然，可盆栽观赏或植于庭院。

养护 金叶薹草喜温暖湿润和阳光充足的环境，耐半阴，怕积水，对土壤要求不严，但在疏松透气、排水良好的砂质土壤中生长更好。由于其叶子较长，最好用较高的筒盆种植，这样可避免其叶与摆放花盆的台面发生摩擦，从而造成叶子前段受伤干枯，并可使之自然下垂，显得秀美飘逸，但盆底要放瓦片或其他颗粒材料，以利于排水。生长期给予充足而柔和的光照，盛夏高温时要避免烈日暴晒，以防造成叶片灼伤。平时保持土壤湿润，但不要积水，以免造成烂根。金叶薹草耐瘠薄，平时不必施肥就能生长良好，但为了使其生长健壮，可每10天左右向叶面喷施一次淡淡的液肥，以提供充足的养分。

金叶薹草具有较好的耐寒性，地栽植株在黄河以南地区可在室外露地越冬，但盆栽植株需要移到室内越冬，给予充足的阳光，控制浇水，保持盆土不结冰即可安全越冬。

繁殖 可在春季或者生长季节进行分株，也可在春季播种繁殖。

金叶薹草

金叶薹草

花烛&火鹤花

花烛与火鹤花是两种较为相似的植物，二者都有安祖花、红掌的别名，具有花色丰富、花期长等优点。可盆栽陈设于室内观赏，因其花梗挺拔坚硬，还可做切花，用于制作花艺作品。

花烛 *Anthurium andraeanum*

别名红掌。为天南星科花烛属多年生草本植物，茎节短，具细长的叶柄，叶自基部生出，绿色，革质，全缘，长圆状心形或卵心形。花序由佛焰苞与肉穗花序组成，佛焰苞平出，卵心形，革质，红色，有蜡质光泽，肉穗花序粗而

花烛

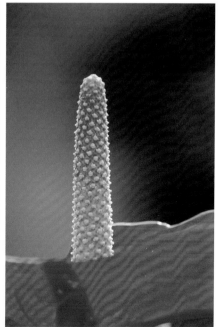

1. 绿掌
2. 花烛
3. 花烛的肉穗花序

$\frac{1}{2}\bigg|3$

直立，黄色，在适宜的环境中，全年都可开花。

花烛的园艺种极为丰富，其佛焰苞除红色外，还有白、绿、粉红以及褐色、复色等，其大小也有很大差异；肉穗花序也有绿、褐、粉红等颜色。主要有小白熊、小红帽、唇彩、红唇等品种。

养护 花烛原产哥斯达黎加、哥伦比亚等热带雨林中。常附生在大树或岩石上，有时也直接长在地上。喜温暖湿润的半阴环境，怕干旱和强光暴晒，不耐寒。生长适温 18～28℃，夏季超过 35℃植株生长不良，应通风降温；冬季

低于 10℃则出现冻害，叶片坏死。夏季及初秋应进行遮光，否则强光灼伤叶片。生长期保持土壤、空气湿润，但不要积水，以免烂根。春秋季节每 10 天左右施一次以磷钾为主的薄肥，当气温低于 15℃时则停止施肥。

每 2～3 年的春季翻盆一次，盆土要求疏松透气、肥沃含腐殖质丰富，可用泥炭土、草炭土、珍珠岩等混合配制。

繁殖 在春季或生长季节进行分株。大规模繁殖则用组织培养法。选育新品种可通过人工定向授粉，获取种子后进行播种。

火鹤花 *Anthurium scherzerianum*

别名安祖花、火鹤芋、红鹤芋。为天南星科花烛属多年生常绿草本植物，具直立生长的地下根状茎，地上茎极短或无。叶簇生根状茎先端，具长柄，叶片卵状椭圆形至卵状披针形，先端突尖，亮绿色，有光泽。花柄细长，佛焰苞有红、粉红、绿、白等颜色，有些品种还具有斑点、花纹；肉穗花序细而卷曲，有红、黄等颜色。花期全年。

养护与繁殖　火鹤花原产南美洲的热带雨林，生长环境及习性与花烛近似。养护与繁殖可参考花烛。

火鹤花

火鹤花

葱莲&韭莲

葱莲与韭莲是两种较为相似的植物，二者常常在夏季大雨过后突然盛开，故都有风雨花的别名，不少人将其弄混。

葱莲 *Zephyranthes candida*

别名葱兰、玉莲、白玉莲。为石蒜科葱莲属多年生草本植物，具卵形小鳞茎，有明显的颈部。叶狭线形，长20～30厘米，肥厚，亮绿色。花茎中空，花单生于其顶端，下带有褐红色的佛焰苞状总苞；花白色，外面常带淡红色，花期7～10月。蒴果三角形。

葱莲属（也称玉帘属，花朵通常向上开放）以及美花莲属（*Habranthus*，也称为侧开韭莲属，花朵通常侧开）、细韭兰属（*Cooperia*，也称香韭兰属，通常夜间开花并具有香味）、拟葱莲属（*Haylockia*，本属较为罕见）等石蒜科植物因都具有"雨后开花"的习性，被统称为"风雨兰"，约有200多个种（品种）。其花型有单瓣、复瓣，花色有红、粉红、白、黄、橘黄、浅蓝以及复色等，有些品种还有香味，不少品种的风雨兰花朵都有褪色的习性，清晨刚绽放时颜色较为鲜艳，随后就会不断地褪色。大致可分为普粉类、黄葱类、草原落日类、白葱类、贵V类、胖丽丽类、红葱类、小几何类、重瓣钱德拉类等类型，每个类型下面又有许多的品种。像曼宁、永恒的火焰、蓝风、金牛座、国王的赎金、终极选择、冰沙桃子、粉色地平线、八瓣风、炽热的爱、开胃酒、橘色流星、蝴蝶夫人、双鲑鱼、杏树女王等。

葱莲四季常青，花色素雅，花期长。常作为地被植物大片种植，也可作为花坛、花境的镶边材料，盆栽观赏效果亦佳。

养护 葱莲原产南美洲，喜阳光充足和温暖湿润的环境，耐半阴，在光照不足处植株虽然能够正常生长，但开花稀少，甚至不开花，花朵也小；有一定的耐寒性，冬季能耐0℃的低温（地栽植株能耐更低的温度）。适宜在疏松肥沃、湿润而不积水的土壤生长。

繁殖 分株或播种繁殖。

葱莲

韭莲

韭莲 *Zephyranthes grandiflora*

别名韭兰、风雨花、红花菖蒲莲。为石蒜科葱莲属多年生草本植物，鳞茎卵球形，直径2～3厘米。叶线形，扁平，暗绿色。花单生于花茎顶端，下有佛焰苞状总苞，总苞片常带淡紫红色。

韭莲的花色娇艳，花期长，可盆栽观赏或庭院中成片种植。韭莲以干燥的全草及鳞茎入药，有散热解毒、凉血活血的功能，可用于跌打红肿、毒蛇咬伤、吐血、血崩等的治疗。

养护与繁殖　韭莲原产墨西哥南部至危地马拉，喜温暖湿润和光照充足的环境，耐干旱，略耐寒。养护与繁殖与葱莲近似。但在光照不良的环境中，开花稀少且花色暗淡。耐寒性较差，越冬温度最好保持在5℃以上。

虞美人 & 罂粟

虞美人与罂粟形态相似，不少人将其弄混，而实际上它们是完全不同的植物。罂粟是毒品植物，严禁私自种植，而虞美人则是优良的观赏花卉，有着广泛种植。

虞美人 *Papaver rhoeas*

别名丽春花、蝴蝶满园春、美女蒿、赛牡丹、百般娇。为罂粟科罂粟属一二年生草本植物。全株被有柔毛，茎细长，分枝细弱；单叶互生，叶为不整齐的羽状深裂；花单生于茎顶，未开时花蕾下垂，开放时花梗直立。花瓣4枚，近圆形，全缘，也有重瓣品种，花瓣绢质，有光泽，花色有深红、紫红、洋红、粉红、白等颜色，

虞美人

1. 虞美人

2. 月舞虞美人

3. 重瓣虞美人

```
1
2   3
```

还有斑纹、镶边等复色品种。花期根据各地气候的差异从4~6月。蒴果球形。每朵花能开1~2天，但每株上的花蕾众多，此开彼落，观赏期达1个月左右。

同属植物约100种，用做花卉的栽培还有冰岛罂粟（*P.nudicaule*）、东方罂粟（鬼罂粟 *P. orientale*）以及月舞（*P. 'Moondance'*）等种类。虞美人的花及全株入药，含有多种生物碱，有止咳、止泻、镇痛、镇静的功效。

养护与繁殖 虞美人原产欧洲、亚洲大陆温带，适于在春天光照充足和凉爽、空气干燥的环境中生长，耐寒冷，不耐阴，怕炎热。对土壤要求不严，但在肥沃、排水良好的砂质土壤中生长更好。

每年的8月底9月初进行播种繁殖，因其根系深，而且为直根，因此不耐移栽，最好一次播种到位，若要移栽，可在苗长出4~5片真叶时，在阴雨天进行，移前要浇水，并尽量带土，做到不伤根。生长期每15天施一次腐熟的稀薄液肥，开花前施肥1~2次，若不留种，及时剪去残花，以避免消耗过多的养分，使剩余的花开得更好。因蒴果成熟期有差异，应分批采收，以免种子散失。

罂粟 *Papaver somniferum*

别名大烟、鸦片、米壳花。为罂粟科罂粟属一二年生草本植物。茎粗壮，少分枝，全株光滑并被白粉。叶互生，叶片卵形或长卵形，质厚实，叶缘有不规则的波状锯齿。花单生，花朵较大，花径可达10厘米，花瓣质地厚实，有光泽，有白、粉红、红、紫红及杂色等颜色。蒴果直径3~5厘米，鲜时含有较多的白色乳汁（晒干即为生鸦片）。

罂粟喜阳光充足、土壤湿润的环境。用播种的方法繁殖。其花大色艳，虽有一定的药用价值，但同时也是制作鸦片、吗啡、海洛因等多毒品的原料。根据国家的相关法规，严禁私自种植。

罂粟

罂粟的果实

关节酢浆草＆红花酢浆草

关节酢浆草与红花酢浆草形态非常近似，很容易弄混。其实两种植物的形态和用途都有区别，前者是观赏花卉，后者则为杂草。

酢浆草的花语有幸运、爱国、璀璨的心等含义。

关节酢浆草 *Oxalis articulata*

为酢浆草科酢浆草属多年生草本植物，植株簇生，有明显的深褐色念珠状根状茎。叶基生，掌状复叶，3小叶，小叶心形，微有毛，宽2～3厘米，绿色。伞形花序，花粉红色，基部深红色。花期4～10月。

关节酢浆草植株低矮，根茎古雅苍劲，花期长，花色艳，覆盖性良好，适用于花坛、花境、疏林地带及林缘等处

的大面积种植，也可盆栽或制作盆景。花市上出售的"老桩酢浆草"即为本种。

养护与繁殖 关节酢浆草原产南美洲，习性强健，喜温暖湿润和阳光充足的环境，耐干旱和贫瘠，不耐荫蔽，生长适温15～26℃。对土壤要求不严，在一般土壤中即可生长良好。平时管理粗放，天旱时注意浇水，雨季注意排水防涝。繁殖以分株为主。

关节酢浆草

那些相似的花儿：160种花卉的辨识养护

红花酢浆草

红花酢浆草 *Oxalis debilis*（异名 *Oxalis corymbosa*）

别名大酸味草、铜锤草、南天七、紫花酢浆草、多花酢浆草。无根状茎，但有褐色球状鳞茎，主鳞茎周围会蘖生很多小鳞茎。叶基生，叶柄长5～30厘米或更长，小叶3，扁圆状倒心形，宽达6厘米。二歧聚伞花序，花瓣5，倒心形，长1.5～2厘米，淡紫色至紫红色，基部绿色，有深色脉纹。花果期3～12月。

红花酢浆草鳞茎极易分离，繁殖迅速，在不少地方逸为杂草。几乎没人种植，故其养护与繁殖就不作介绍了。本种全草入药，治跌打损伤，赤白痢、止血。

凤仙花 & 新几内亚凤仙 & 苏丹凤仙花

凤仙花，古称金凤花，因单瓣花朵"宛如飞凤，头翅尾足俱全"翩翩然"欲羽化而登仙"而得名。其种类丰富，栽培较为广泛的有凤仙花以及引进的苏丹凤仙花、新几内亚凤仙花等"洋凤仙"。

凤仙花 *Impatiens balsamina*

别名指甲花、指甲草、急性子、透骨草、小桃红。为凤仙花科凤仙花属一年生草本植物，肉质茎粗壮，下部的节常膨大；叶互生，叶片披针形、狭椭圆形、倒披针形，先端尖或渐尖，叶缘有锐锯齿。花单生或 2~3 朵簇生于叶腋或枝顶，单瓣或重瓣，其中重瓣类品种的花型有茶花型、蔷薇花型、石竹花型等，花色有红、紫红、粉红、白以及复色等。蒴果纺锤形，成熟后会自动弹裂，褐色种子。自然花期 7~10 月。

其品种繁多，较为著名的有顶头凤、什样锦、龙爪凤仙等。清代学者赵学敏所著的《凤仙谱》一书就记载了 230 个品种的凤仙花。除供观赏外，凤仙花的花瓣或幼苗、叶片加明矾（白矾）捣碎后可染指甲，并对灰指甲有一定的疗效。茎和种子入药，其中的茎称"凤仙透骨草"，有祛风湿、活血、止痛之功效。种子称"急性子"，有软坚、消积之功效。

养护　凤仙花喜温暖湿润和阳光充足的环境，要求有良好的通风，不耐寒。适宜在疏松肥沃、水肥条件较好的土壤中生长。浇水掌握"见干见湿"。每 10 天左右施一次腐熟的稀薄液肥，前期以氮肥为主，以促使枝叶的生长，后期则以磷钾肥为主，以使植株多形成花蕾，达到多开花的目的。栽培中若环境通风不良或过于潮湿，易引起白粉病的危害，可用加水 1000 倍的托布津或百菌清溶液进行喷洒防治。

繁殖　可根据具体气候环境在 3~5 月播种。凤仙花有着较强的自播能力，种子落地后会在翌年春天有新苗长出，可在阴雨天进行移栽。

单瓣凤仙花　　　　　　　　凤仙花的花语有怀念过去、不要碰我、野丫头、急性子等多层含义

重瓣凤仙花

苏丹凤仙花 *Impatiens walleriana*

别名非洲凤仙花、洋凤仙、矮凤仙、何氏凤仙、玻璃翠。为凤仙花科凤仙花属多年生草本植物，茎直立，略透明。叶互生或在上部呈螺旋状排列，叶片宽椭圆形或卵形至长圆状椭圆形，先端尖，边缘具圆齿状小齿。总花梗生于茎枝的上部叶腋，有花1～5朵，花梗细长，花型单瓣或重瓣，花色有粉红、深红、白等，自然花期6～10月，人工栽培也可在其他季节开放。蒴果纺锤形。

苏丹凤仙花花色丰富，花期长，适应性强，可盆栽观赏，也可布置园林景观。

养护　苏丹凤仙花喜温暖湿润的半阴环境，不耐寒，也不耐旱，适宜在疏松肥沃、含腐殖质丰富、疏松透气的砂质土壤生长。除夏季适当遮阴，避免烈日暴晒外，其他季节都要给予充足的光照。生长期保持土壤湿润而不积水，每10天左右施一次薄肥。越冬温度不可低于10℃。主要病虫害有白粉病等，应注意防治。

繁殖　以扦插（包括水插）、播种为主。

1. 白花苏丹凤仙花
2. 苏丹凤仙花
3. 重瓣苏丹凤仙花

1	2
	3

新几内亚凤仙花 *Impatiens hawkeri*

别名五彩凤仙花。为凤仙花科凤仙花属多年生草本植物，植株多分枝，茎肉质，光滑，青绿色或红褐色。多叶轮生，叶片披针形，叶缘有锐锯齿，叶色黄绿至深绿色，有些园艺种叶面上有金黄色斑纹。花单生或偶尔2朵并生，基部花瓣衍生成距，花色有红、粉、白、紫、橙等多种颜色，有些品种花瓣上还有斑纹，自然花期6~8月，人工栽培的环境中也可在其他季节开花。

新几内亚凤仙花株型紧凑，花色丰富，花期长，有些品种还可观叶，可盆栽观赏或作吊盆，也可布置园林景观。

养护 新几内亚凤仙花喜温暖湿润的半阴环境，略耐阴，忌强光直射。适宜在疏松肥沃、含腐殖质丰富的砂质土壤中生长。5~9月应适当遮光，以避免烈日暴晒，其他季节则要给予充足的光照。浇水掌握"见干见湿"。每10天左右施一次复合肥。注意打头摘心，以促使侧枝的萌发，使之多开花。新几内亚凤仙花的病害有茎腐病、病毒病，虫害有蓟马、蚜虫、红蜘蛛等，应注意防治。

繁殖 以扦插为主，也可播种或组织培养。

彩叶新几内亚凤仙花

新几内亚凤仙花

形相似

三色堇&角堇&夏堇

三色堇、角堇、夏堇是三种形态较为相似的植物，都具有植株矮小、花型别致、富有趣味等特点。

三色堇 *Viola tricolor*

别名三色堇菜、猫脸花、猫儿脸、鬼脸花、人面花、阳蝶花、蝴蝶花。为堇菜科堇菜属多年生草本植物，一般作二年生草花栽培。地上茎较粗壮，直立或稍倾斜，有棱。基生叶长卵形或披针形，有长柄，茎生叶卵形、长圆状圆形或长圆状披针形，边缘有稀疏的圆齿或钝锯齿。花单生于叶腋，每个茎上有花3～10朵，花大，直径3.5～6厘米，某些园艺种甚至达12厘米，通常每朵花有黄、白、紫3种颜色，此外，还有纯白、纯黄、纯紫、纯黑等颜色以及其他混合色，花心部位有深色斑块，花期冬春季节。蒴果椭圆形，无毛。

三色堇花朵奇特，富有趣味，有着很好的耐寒性，可盆栽观赏或植于庭院、布置花坛。全草入药，有清热解毒、散瘀、止咳、利尿等功效。

养护 三色堇喜凉爽和阳光充足的环境，忌高温和积水，适宜在疏松透气、排水性良好、含腐殖质丰富的土壤中生长。其根系能耐-15℃的低温，但低于-5℃叶片边缘会变黄。持续高于30℃则开花不良。生长期保持土壤湿润，冬季可偏干一些，植株开花时则要有充足的水分，以促使花朵增大和增加开花量。薄肥勤施，初期以氮肥为主，开花前施3次复合肥，孕蕾时向叶片喷施0.2%的磷酸二氢钾溶液2～3次，开花后则减少施肥。

繁殖 可用播种、扦插、分株等方法进行繁殖。

三色堇花语有沉思、快乐、请思念我等含义

角堇 *Viola cornuta*

别名小三色堇。为堇菜科堇菜属多年生草本植物，常作一二生草花栽培。具根状茎，茎短而直立，有着较强的分枝能力。叶互生，披针形或卵形，有锯齿状分裂。花两性，两侧对称，花瓣5，直径2~4厘米，花色有红、粉、黄、白、紫、蓝以及复色等，与三色堇相比，其花朵较小，但偏长，中间无深色斑块，只有像猫须一样的深色直线。花期也较晚，可持续到7月。蒴果呈较规则的椭圆形，种子倒卵形，种皮坚硬，有光泽。

角堇的园艺种丰富，主要有小兔子系列、圆脸系列、古风系列、极小花系列、花力系列、桃树系列、中提琴系列、回声森林系列等，每个系列下又有不少的品种。其花朵玲珑，花色多变，奇特而富有趣味，而且具有一定的耐寒性。可盆栽观赏或地栽布置花坛、景点等处。

养护　角堇原产西班牙及比利牛斯山脉，习性与三色堇近似，但耐热性略强。养护可参考三色堇而灵活掌握。

繁殖　可在春秋季节播种。

角堇　　　　　　角堇组合盆栽

形相似

夏堇 *Torenia fournieri*

中文正名蓝猪耳，别名蝴蝶草、花瓜草、花公草。为玄参科蝴蝶草属（夏堇属）一年生草本植物，茎直立，具4窄棱，多分枝。叶片卵形或长卵形，先端略尖或短渐尖，叶缘具带尖的粗锯齿。花通常在枝顶排列成总状花序，2～3朵腋生或顶生，花冠唇形，花萼膨大，花色有粉红、蓝、紫、白以及复色等多种，中心部位有白色斑块，喉部有黄色斑块。花期6～10月。花后结矩圆形蒴果。

夏堇花朵小巧，花期长，花色丰富，有着很好的耐热性，可盆栽装饰庭院、阳台、窗台等处。也可种植于庭院、布置花坛，用作地被植物。

养护　夏堇喜温暖湿润和阳光充足的环境，在半阴处也能正常生长，不耐寒，较耐热，不耐旱，适宜在湿润、肥沃而排水良好的砂质土壤中生长。生长期给予充足的阳光，保持土壤湿润，施肥2～3次，注意经常打头摘心，以促进植株多分枝，使植株矮小，株形紧凑，并达到多开花的目的。

繁殖　以播种为主，全年都可进行，尤以春季为佳。播后10～15天种子发芽，苗高10厘米左右时进行移栽分苗，从播种到开花需要15周左右的时间。

夏堇

四季报春&欧报春

报春花属植物有500余种，其中四季报春、欧报春栽培较为普遍，二者形态也有些近似，都被简称为"报春花"，具有株型不大、花色丰富而艳丽等特点，被称为"春天的信使"。

四季报春 *Primula obconica*

中文正名鄂报春，别名四季樱草、仙鹤莲。为报春花科报春花属多年生草本植物，常作一二年生草花栽培，其叶片卵圆形、椭圆形或矩圆形，叶面无毛或被有极短的毛，叶缘近全缘具小牙齿或呈浅波状而具圆齿状裂片。花莛高6~28厘米，伞形花序，着花2~13朵，花色有红、粉、白、蓝、紫等多种，自然花期3~6月，人工栽培的环境中也可冬季开花。

养护 四季报春喜凉爽湿润的环境，要求有充足而柔和的光照，怕高温和强光直射，适宜在疏松肥沃、含腐殖质丰富的微酸性土壤中生长。生长期保持土壤湿润而不积水。每7~10天施一次复合肥，苗期多施氮肥，进入11月后要以磷肥为主，使其多形成花蕾，盛花期要减少施肥。冬季虽然能耐0℃左右的低温，但为了保证能在春节前后开花，最好白天有15~18℃，夜间有10~12℃的温度。因其夏季管理较为繁琐，一般花期过后即将植株丢弃。

繁殖 一般在8月中下旬至9月播种；也可在5~6月进行，但夏季管理需要小心。

四季报春的花语是青春的快乐和悲伤，此外还有不悔的含义

欧报春 *Primula vulgaris*

又叫欧洲报春、欧洲樱草、德国报春花、西洋报春花。为报春花科报春花属多年生草本植物，常作一二年生草花栽培。具极短的根状茎和多数须根，叶多数，叶片矩圆状倒卵形、窄椭圆形或矩圆状披针形，叶脉深凹，叶面具皱。伞状花序，花莛多数，高3.5～15厘米，单花顶生，花朵约4厘米，单瓣或重瓣，花色有黄、红、粉、白、蓝、紫等，有些品种花瓣上还有斑纹、斑点、镶边，但喉部一般为黄色，并具有香味。自然花期1～4月。

养护 欧报春原产欧洲，习性与四季报春基本相似。喜凉爽湿润的环境，既怕强光暴晒，又畏严寒。低温和散射光能使其花色更鲜艳。生长期保持土壤湿润而不积水。薄肥勤施，适当增加磷钾肥的用量。适宜在含腐殖质丰富、疏松肥沃、排水透气性良好的土壤中生长，通常用泥炭土掺珍珠岩等配制。

繁殖 播种，时间与四季报春相同。

欧报春的花语有初恋、希望、不悔等含义。可作为冬春季节的礼品赠送亲朋好友

环翅马齿苋＆大花马齿苋＆小松针牡丹

环翅马齿苋、大花马齿苋、小松针牡丹等植物花形近似，花朵也通常在阳光充足的上午开放，午后闭合，若栽培环境光照不好或者遇到阴雨天，则不能完全开放。而且都具有适应性强、管理粗放、开花量大、不耐践踏等特点，是很好的花坛、花境材料，适合作镶边或栽种于石阶旁、岩石园，又因其具有很好的耐旱性，还是屋顶花园、露台绿化美化的良好材料。盆栽观赏，或点缀窗台、居室、阳台，或作吊盆栽种，悬挂于廊下、窗前，绿叶之中开放着鲜艳的花朵，随风摇曳，非常美丽。

环翅马齿苋 *Portulaca umbraticola*

别名阔叶半支莲、洋马齿苋、金丝杜鹃，俗称大花马齿苋。为马齿苋科马齿苋属一二生草本植物，是从马齿苋中选育出来的观赏花卉。植株匍匐生长，茎、叶肉质，叶互生，扁平肥厚，倒卵形。花色有白、粉红、红、淡紫、橙黄、

环翅马齿苋景观

1.环翅马齿苋的花

2.斑叶环翅马齿苋

3.马齿苋

$$\frac{1}{2 \mid 3}$$

黄花红心等，花型以单瓣为主，花期在夏秋季节，若温室栽培也可在冬春季节开花。园艺种斑叶环翅马齿苋，叶面上有黄白色斑纹。

养护　环翅马齿苋喜阳光充足和温暖干燥的环境，耐干旱，怕积水，不耐寒，也不耐阴。适宜在排水良好、干燥的砂质土壤中生长。地栽可选择阳光充足、高燥之处，低洼积水、荫蔽的地方不宜种植。盆栽植株宜放在阳光充足处养护。管理较为粗放，雨季注意排水，以避免因积水造成的根部腐烂，天旱时注意浇水补充水分，勿使长期缺水，否则下部叶片脱落。因其耐瘠薄，可以不施肥，若施肥，可每7～10天施一次腐熟的稀薄液肥或者"低氮高磷钾"的复合肥。注意打头摘心，以促发侧枝，使株形丰满，并达到多开花的目的。

繁殖　播种或在生长季节剪取健壮、无病害的枝条作插穗，进行扦插。

大花马齿苋 *Portulaca grandiflora*

别名半支莲、太阳花、松叶牡丹、龙须牡丹，俗称"死不了""马齿菜花"。为马齿苋科马齿苋属一年生草本植物，茎、叶均肉质，茎根据花的颜色差别有所不同，一般来讲，白色、淡粉等浅色系的花，茎的颜色为浅绿、白等；而深红、紫红等深色花的茎为深棕色。叶细柱形，绿色。花生于枝的顶端，有单瓣和重瓣之分，花色有白、雪青、黄、橙黄、粉红、紫红、深红等多种颜色，此外还有一朵花上能开出2种以上颜色的复色花，花期6～9月。种子细小，黑色，有金属光泽。近似种有毛马齿苋（*P. pilosa*），叶腋内有长而疏的柔毛，花紫红色。

除观赏外，大花马齿苋全株可入药，有散瘀止痛、清热、解毒消肿等功效，用于咽喉肿痛、烫伤、跌打损伤、疮疖肿毒等。

养护与繁殖 大花马齿苋的习性与环翅马齿苋基本相同，养护管理可参考环翅马齿苋。其种子易散落，成熟后要及时采收，采种时不要采单瓣植株上结的种子，应选择那些花朵大，色彩纯正

大花马齿苋

单瓣大花马齿苋

形相似

151

1. 大花马齿苋

2. 毛马齿苋

3. 重瓣大花马齿苋

$$\frac{1}{2 \mid 3}$$

的重瓣植株上的种子。

　　大花马齿苋有较强的自播能力，在上年种植的地方及周围会有幼苗长出，注意对幼苗的保护，稍加管理，即可开花。还可进行扦插繁殖，在6~8月选取品质优良，花朵大、重瓣、色彩艳丽的植株上的枝条，剪下后插于土壤中，很容易成活。

小松针牡丹 *Portulaca gilliesii*

别名小松叶牡丹、紫米粒、米粒花、紫米饭、紫珍珠、流星。为马齿苋科马齿苋属多年生草本植物，幼芽和新叶呈米粒状，老片呈细长，呈舌状，深绿色有光泽，在冷凉季节强光照射下，叶色有紫晕或变成紫红色，故称"紫米粒"。花只有玫瑰红色一种，单瓣，花瓣5枚，花期从初夏至深秋。

养护与繁殖　与环翅马齿苋基本相似，可参考进行。因其是多年生植物，冬天须移至室内阳光充足处，0℃以上可安全越冬。

小松针牡丹

形相似

花月 & 燕子掌 & 蓝鸟

　　花月、燕子掌、蓝鸟等植物外形近似，不少人将其弄混，称之为"玻璃翠"或"玉树""景天树"。其实，它们虽然具有茎干古朴苍劲、叶片肥厚翠绿、四季常青等特点，但还是有差别的；近似种及斑锦变异品种落日之雁、三色花月锦、黄金花月、筒叶花月、燕子掌、蓝鸟等，叶形奇特富有趣味，叶色或碧绿如翠，或斑斓多彩，或金黄灿烂，更具观赏性。可盆栽观赏或制作盆景，布置温室沙生植物景观。

　　曾经有一段时间，在网络上说花月、燕子掌之类植物能排出有毒物质，能致癌，一些媒体也跟风传播，使得不少人把栽培多年的花月丢弃。其实这种说法是没有科学根据的。花月植株体内的汁液的确有毒，但如果我们不去食用，也不要将其弄到眼睛里，就不会对人体造成伤害。我们知道除花月外，像水仙、一品红、虎刺梅、海芋等不少常见的花卉汁液也都有毒，但这丝毫不会影响我们去欣赏它们。因为这些是观赏植物，而不是食用植物。

花月

花月 *Crassula obliqua*（异名 *Crassula portulacea*）

花月为景天科青锁龙属多肉植物，植株多分枝，呈灌木状，粗壮的肉质茎灰白色或浅褐色；肉质叶交互对生，匙形至倒卵形，顶端圆钝，叶色深绿，有光泽，在冷凉季节、阳光充足、昼夜温差较大的环境中叶缘呈红色。小花红色或粉白色。变种有：

姬花月　别名姬红花月，国外称"侏儒玉树"。叶片小而圆，老叶绿色，新叶黄绿色，叶缘呈红色或红褐色，在温差大、阳光充足的环境中，整个叶子都呈红褐色。

黄金花月　别名花月锦。叶色根据环境的不同而变化，在阳光充足、昼夜温差较大，控制浇水的条件下，新叶呈金黄色，叶缘为红色；在大肥大水的条件下，叶面上的黄色斑纹减退，叶缘红色，并有暗红色晕斑。而在光照不足的环境中则为绿色，叶缘的红色也会消退。

1. 姬花月
2. 黄金花月
3. 冷凉环境中的黄金花月有美丽的红缘
4. 强光下的姬花月叶呈红褐色

1	2
3	4

筒叶花月　别名马蹄角、马蹄红，俗称"吸财树"，国外称"Living Coral"（活着的珊瑚礁）。花月的变种，叶密集簇生于枝顶，肉质叶圆筒形，顶端截形，椭圆形，倾斜，叶色碧绿有光泽，顶端的截面在冷凉季节呈红色。有咕噜型、铲叶型、玉指型等类型以及斑锦变异品种筒叶花月锦等。

养护　花月喜温暖干燥和阳光充足的环境，耐干旱，耐贫瘠，不耐寒，怕积水，在半阴处也能正常生长。主要生长期为春、秋季节，应给予充足的阳光，若光照不足会造成植株徒长，茎节拉长，使得株型松散，叶缘的红色消失。因此在4～10月的生长期可放在室外光照充足、通风良好处养护，以保证叶色的美观。生长期浇水掌握"不干不浇，浇则浇透"。每月施一次腐熟的稀薄液肥或复合肥，以提供充足的养分，促进植株生长。夏季高温季节植株生长缓慢，但不完全停滞，应加强通风，避免闷热的环境。冬季宜放在室内阳光充足处养护，控制浇水，停止施肥，能耐5℃左右的低温。栽培中注意修剪整形，除去影响株型美观的枝叶（剪下的枝、叶均可扦插繁殖），以保持株型的美观。

每2～3年翻盆一次，在春季或秋季进行，培养土要求疏松透气，具有良好的排水性。

繁殖　以扦插为主。可结合修剪进行，枝插、叶插均可以。在适宜的环境中一年四季都可进行，尤其是春、秋季节成活率最高。

筒叶花月（铲叶型）

筒叶花月（咕噜型）

1.筒叶花月（玉指型）

2.筒叶花月锦

3.筒叶花月（玉指型）

1 | 2

3

燕子掌 *Crassula ovata*（异名 *Crassula argentea*）

别名玉树，日本名称叫"艳姿"，传到中国保留了其读音，换了字。该植物很容易与花月弄混，在一些地区与花月都有"翡翠木""景天树""玻璃翠"的别称。与花月相比，其叶片较大而长，顶端有尖，花白色或略带粉色。也有人认为玉树和燕子掌是两种植物，区别是燕子掌叶缘和叶尖有红色边线，而玉树的叶为纯绿色。而实际上这是栽培环境不同产生的差异。还有人认为，花月、燕子掌、玉树是一种植物在不同环境中表现出的不同特征，总之，这是一个争议比较大的物种。变种有：

落日之雁　别名三色花月殿，燕子掌的斑锦变异品种，叶肉质对生，长卵形，稍内弯，新叶黄色斑纹，有时甚至

燕子掌

落日之雁的叶

1.落日之雁

2.新花月锦

3.三色花月

```
 1
---|3
 2
```

整片叶子都呈黄色，叶缘红色，随着植株的生长，叶片上的斑锦逐渐退去，因此老叶为绿色，一株（甚至一片叶）上有黄、绿、红三种颜色，斑斓多彩，确实很像在夕阳下飞翔的鸟，落日之雁之名也因此而得。

近似种新花月锦，与落日之雁较难区分，或许是一种植物在不同环境中的个体差异。一般认为，新花月锦的锦呈条状，而落日之雁的锦呈块状；其生长速度比落日之雁要快。但这种说法并不是很准确，据观察，在一些生长多年的落日之雁老树上，往往既有呈条状的锦，又有呈块状的锦。

三色花月 别名三色花月锦，燕子掌的斑锦变异品种，叶片绿色，有奶油白或淡黄色及粉红色的斑块。

养护与繁殖 参照花月。

蓝鸟 *Crassula arborescens*

也称蓝鸟花月、蓝鸟玉树、玉树。为景天科青锁龙属多肉植物，肉质叶卵圆形，蓝灰色，被有白粉，叶面分布有深色透明的小点，叶缘有明显的红色。近似种知更鸟，也称卷叶蓝鸟花月、波叶蓝鸟，其肉质叶呈波浪状扭曲。银圆树，其叶小而圆。

养护与繁殖 参照花月。

1	3
2	

1. 知更鸟
2. 银圆树
3. 蓝鸟

五十铃玉 & 光玉 & 菊晃玉

五十铃玉、光玉、菊晃玉是三种外形、习性较为相似的多肉植物，其植株不大，都具有棍棒状肉质叶，花色或素雅或娇艳。有着良好的耐旱性，适合用小盆栽种，点缀阳光充足的阳台、窗台等处。

五十铃玉 *Fenestraria aurantiaca*

别名橙黄棒叶花。为番杏科棒叶花属植物，植株丛生，茎极短或无茎，肉质叶排成松散的莲座状，叶棍棒状，几乎垂直生长，上部稍粗，顶部圆凸，有透明的"窗"结构；花橙黄色至黄色、白色，有时略带粉色，花期8～12月。蒴果，内有细小的种子。

养护　五十铃玉原产南非和纳米比亚等地，喜温暖干燥和阳光充足的环境，耐干旱，适宜在疏松透气、排水良好、

五十铃玉

五十铃玉

具有一定颗粒度的土壤中生长。具有夏季高温季节休眠，冷凉季节生长的习性。秋季至翌年的春季是其主要生长季节，宜给予充足的阳光，使株形矮壮紧凑，若光照不足，会造成植株徒长，棒状叶瘦长羸弱，并容易倒伏，甚至腐烂。浇水也不宜过多，以免植株腐烂，棒状叶爆裂折断。每月施一次薄肥。夏季休眠期要控制浇水，避免烈日暴晒和闷热的环境。冬季放在室内阳光处，越冬温度最好维持5℃以上。

繁殖 播种或分株。

光玉 *Frithia pulchra*

为番杏科光玉属多肉植物，形态类似五十铃玉，肉质叶棍棒状，灰绿色。顶端截形，有透明的"窗"，开花前"窗"上具颗粒状凸起。花粉红色，白心。

养护与繁殖 光玉原产南非，习性与五十铃玉近似。日常养护、繁殖可参考五十铃玉。

光玉

菊晃玉 *Frithia humilis*

别名菊光玉，为番杏科光玉属多肉
植物，形态与光玉基本相同，叶色灰绿
或绿褐，端面粗糙，有细小的疣突。花
白色或粉红色。

养护与繁殖 习性与光玉相同，养
护与繁殖可参考进行。

菊晃玉

仙人指&假昙花&蟹爪兰

蟹爪兰、仙人指与假昙花是三种很容易弄混的花卉。它们形态近似，扁平的茎节都呈分枝状。其实，三者并不同属，无论茎节、花朵的形状，还是花期，都有很大的差别。

蟹爪兰 *Zygocactus truncatus*（异名 *Schlumbergera truncata*）

也称蟹爪、蟹爪莲。为仙人掌科蟹爪兰属多肉植物，植株多分枝，绿色或带紫晕的肉质茎扁平，看上去酷似叶子，其边缘有尖齿2~4个，形似螃蟹的爪子。花两侧对生，花瓣张开后反卷，颜色有粉红、紫红、淡紫、橙黄和白等，正常

蟹爪兰

蟹爪兰 　　　　　　　　蟹爪兰

花期11月至翌年1月，经人工控制花期，其他季节也可开花。

　　蟹爪兰的花期因恰逢西方的圣诞节前后，故也称"圣诞节仙人掌"。其株型飘逸，花色鲜艳而丰富，宜做中小型盆栽，陈设于案头、窗台等处，鲜花绿茎相映成趣，很有特色；也可用吊盆种植，悬挂于窗前、阳台等处，自然潇洒，具有很好的装饰效果。

　　养护　蟹爪兰原产南美洲巴西的热带、亚热带丛林中。为附生类仙人掌植物，喜温暖湿润的半阴环境。夏季高温时要求通风良好，避免烈日暴晒和长期雨淋，可放在无直射阳光处养护，经常向植株喷水，以避免空气过于干燥，否则易受红蜘蛛危害，造成植株生长不

良，茎节萎缩并从基部脱落。冬季放在阳光充足的室内，保持10℃以上的室温。入秋后到开花前，肥水不可间断，在花芽分化期，要多施磷钾肥，停施氮肥。花后植株有一短期的休眠，此时应保持盆土稍微干燥一些，并剪去长势较弱和过密的茎节，经修剪后长出的新茎节十分健壮，开花也多。每1～2年的春季换盆一次，盆土要求含腐殖质丰富，肥沃疏松，并有良好的排水透气性。

　　繁殖　可在春季剪取健壮充实的茎节进行扦插，很容易生根。也可用三角柱、片状仙人掌、大叶虎刺等长势强健的仙人掌科植物作砧木，在春秋季节以劈接(嵌接)的方法进行嫁接。

仙人指 *Schlumbergera bridgesii*

为仙人掌科仙人指属多肉植物，扁平茎节淡绿色，有明显的中脉，边缘浅波状，无类似蟹爪的尖齿。花为整齐花，长约5厘米，红色。花期2月。其花期正逢圣烛节，因此也称"圣烛节仙人掌"。

仙人掌科白檀属的白檀（*Chamaecereus sylvestri*异名*Echinopsis chamaecereus*）因肉质茎形似手指也被称为仙人指。花红色至橙红色，春末夏初开放。园艺杂交种繁多，花有黄色、紫红、粉红以及复色等颜色。本种喜温暖干燥和阳光充足的环境，耐干旱。越冬温度不宜过高，严格控制浇水，甚至断水，使植株充分休眠。以使翌年开花繁多。

养护与繁殖　习性与蟹爪兰近似。繁殖及养护可参考蟹爪兰。

仙人指

白檀

假昙花 *Rhipsalidopsis gaertneri*

别名盖氏孔雀、亮红仙人指。为仙人掌科假昙花属多肉植物，扁平的茎节长圆形，较仙人指的茎节宽而厚，新长出的茎节呈红色，边缘有浅圆齿，圆齿腋部具短毛或少许黄色刚毛。红色花着生茎节顶部，花大而花瓣整齐，呈标准的辐射状。花期3~4月。其花期在复活节前后，故又称"复活节仙人掌"。

同属中常见于栽培的还有落花之舞（*R. rosea*），其稠密的分枝组成矮性肉质灌木，茎半自立，茎节呈2棱的扁平状或3~5棱的柱状，一般规律是下部茎和茎节的棱多，接近柱状，上部的茎节则多为扁平状。花顶生，3~4厘米大，粉红色，辐射状对称。

养护与繁殖 可参考蟹爪兰。

1.假昙花
2.假昙花
3.落花之舞

昙花＆令箭荷花＆窗之梅

令箭荷花与昙花、窗之梅均为附生类仙人掌类植物，其形态也较为近似，都具有扁平的枝状叶。

昙花 *Epiphyllum oxypetalum*

别名韦陀花、昙华。为仙人掌科昙花属附生肉质灌木，老茎木质化，叶退化，由绿色叶状枝替代叶进行光合作用。叶状枝扁平，披针形至长圆状披针形，边缘波状或圆齿状，绿色；花生于侧枝的边缘，白色，具清香，在夏秋季节的夜晚开放，其单朵花期极短，从开始绽放到枯萎凋谢，全部过程仅4个小时左右，故有"昙花一现"之说。

昙花属植物约21种，其他还有

昙花

1. 角叶昙花

2. 卷叶昙花   1 | 2
                    | 3
3. 卷叶昙花的果实

卷叶昙花（*Epiphyllum hookeri* subsp. *guatemalense* 'Montrose'）、角叶昙花（*Epiphyllum anguliger*）等种类。

昙花是著名的观赏花卉，俗称"月下美人""琼花"，其叶状茎自然潇洒，花朵洁白素雅，可盆栽布置庭院、阳台、厅堂等处。其花朵具有强健的作用，并可治疗高血压及血脂过高症。茎具有软便去毒、清热疗喘的功效。主治大肠热症、便秘便血、肿疮、肺炎、痰中有血丝、哮喘等症。

养护　昙花喜温暖湿润的半阴环境，不耐寒，忌霜冻，耐干旱。夏季及初秋宜放在光线明亮，又无直射阳光处养护，以防强光灼伤茎。其他季节则要给予充足的阳光。生长期保持土壤湿润而不积水，但空气湿度可稍大些。秋冬季节控制浇水，能耐5℃左右的低温。土壤要求含腐殖质丰富、疏松肥沃、排水透气性良好、微酸性。

繁殖　可在生长季节扦插或播种。

令箭荷花 *Nopalxochia ackermannii*

别名孔雀仙人掌、孔雀兰、荷花令箭。为仙人掌科令箭荷花属附生植物，植株呈多分枝，基部主干细圆，茎扁平，披针形，似古代的令箭，边缘呈钝齿状。花型有单瓣、重瓣，花色有红、紫红、粉红、黄、白等颜色，白天绽放，夜晚闭合，通常一朵花只开1～2天。花期夏季。浆果椭圆形，红色，种子黑色。

令箭荷花品种繁多，花色丰富而绚丽，可盆栽点缀阳台、窗台、庭院等处。其茎入药，有活血止痛的功效。

养护　令箭荷花原产美洲热带地区，以墨西哥最多。喜温暖湿润和阳光充足、通风良好的环境，耐干旱，不耐寒，怕夏日烈日暴晒。其习性与昙花近似，养护管理可参考进行。

繁殖　可在生长季节扦插，也可播种或嫁接。

令箭荷花

窗之梅 *Rhipsalis crispata*

别名皱茎丝尾。为仙人掌科丝苇属植物，附生性灌木，茎节椭圆形，边缘稍呈波浪状，深绿色至黄绿色。花白色至浅黄色，1～4朵簇生于刺座上。同属中近似种有黄梅、绿羽苇、园之蝶以及 *Rhipsalis ramulosa* 等。

窗之梅花朵不大，清秀典雅，是一种很有特色的植物，可盆栽或做吊盆栽种，装饰阳台、窗台等处。

养护 窗之梅原产巴西南部，喜温暖湿润的半阴环境，主要生长季节在春天和秋天，可保持土壤湿润而不积水，每20天左右施一次薄肥，夏季植株处于休眠或半休眠状态，植株生长缓慢或完全停滞，宜控制浇水，加强通风，防止烈日暴晒，但可向植株喷雾，以增加空气湿度，避免因干旱闷热引起的红蜘蛛。冬季减少浇水，能耐0℃左右的低温。

繁殖 在生长季节扦插或播种、分株。

Rhipsalis ramulosa

窗之梅

芍药 & 牡丹 & 荷包牡丹 & 洋牡丹

　　牡丹、芍药是两种非常近似的植物，其花期相近，其花型、叶形也较为相似，在植物分类学上都属芍药科植物（曾归为毛茛科），人们不仅把牡丹称为"木芍药"，在一些地区还把芍药称为"草牡丹"，在古典园林中，芍药也多与牡丹种植在一起，以延长观赏期，由于芍药的花期在牡丹之后，故有牡丹为"花王"，芍药为"花相"之说。而荷包牡丹是因花似荷包，叶似牡丹，花期也与牡丹相同而得名的，在植物分类学中跟牡丹没有任何关系。洋牡丹则是花毛茛的别名。

芍药 *Paeonia lactiflora*

　　也称没骨花、殿春花、婪尾春、将离。为芍药科（有文献将其归为毛茛科）芍药属多年生宿根草本植物。具粗壮的肉质根；下部茎生叶为二回三出羽状复叶，小叶狭卵形、椭圆形或披针形，叶缘有白色骨质细齿，亮绿色。花单生或数朵生于茎顶及叶腋，花径8~15厘米或更大，按花色、花型、株型可分为上千

莲台

玉玲珑

芍药的芽

遍地红

个品种。花型有千层亚类、单瓣型、荷花型、菊花型、蔷薇型、金蕊型、金环型、托桂型、皇冠型、绣球型、楼子亚类以及彩瓣台阁型、分层台阁型、球花台阁型等台阁型。花色有白、粉红、紫红、红、黄以及复色等多种。花期根据各地的气候不同从4月下旬至6月陆续开放。冬季地上部分枯萎，到翌年春天再从土里钻出新芽，并逐渐发育成新的茎叶。

芍药是我国的传统名花，可植于庭院或盆栽观赏。还可作为鲜切花。其肉质根入药，称为白芍，具有镇痛、利尿、治腹痛、腰痛、镇痉等功效。

芍药属植物有30多种，主要分布于欧亚大陆，少数种产于美洲，我国产8种，6变种。此外，还有牡丹与芍药的杂交种群，其特点是杂交优势明显，生长旺盛，株形优美，花朵和叶片都像牡丹，但地上茎半木质化，冬季地上部分

枯萎，基部有残留的短芽，等来年春季再迅速发芽抽枝。其习性类似于芍药，总体来说，属于多年生草本植物。品种有金黄牡丹、伊藤芍药（也叫伊藤杂种，由日本园艺学家伊藤东一培育，花色以黄色为主，兼有红色、紫红色、蓝紫色、白色、粉色、橙黄等颜色）、花园珍宝等。

养护　芍药原产我国的东北、华北等地的山坡草地，俄罗斯的西伯利亚和日本也有野生分布，喜阳光充足的环境，耐寒、耐旱、怕积水，具深根性，适宜在土层深厚、肥沃、排水良好的砂质土壤中生长，黏土和低洼积水处则不宜种植。每年的9～10月移栽，移栽时施足基肥，定植后不能经常移栽，否则会使根部受损伤，影响以后的生长和开花。

每年3月初新芽萌动时可追肥1次，以促进苗的生长；4月现蕾后再追肥1

1.芭茨拉
2.铁杆紫

1	2
3	4

3.粉玉奴
4.黄金轮

次，以使花蕾膨大；8月下旬，开始形成第二年花芽时，再追肥1次；11月初植株的地上部分枯萎以后，从植株基部割去，以防病虫害，然后清除枯枝落叶，施基肥后，覆土5～6厘米防冻害。每次施肥后，都应进行浇水、松土。平时不要浇水过多，雨季注意排水，这些都是为了避免因积水造成烂根。盆栽芍药在4月可以分清主蕾与侧蕾时，及时疏去侧蕾，让主蕾得到足够的养分，以促进花大，如果主蕾发育不好，可选择一个好的侧蕾替代，一般一茎只留一花。为防倒伏，可以设立支柱，进行支撑。花谢后，及时剪去残花，以减少养分的消耗。

繁殖 可在9～10月进行分株；8～9月种子成熟后进行播种，翌年春天才能出苗，4年后开花。

形相似

牡丹 *Paeonia suffruticosa*

为芍药科芍药属落叶灌木，具短而粗的分枝。通常为二回三出的羽状复叶，偶尔近顶的叶为3小叶，顶生小叶宽卵形，侧生小叶狭卵形或长圆状卵形，绿色或略带黄色，先端常分裂。花单生枝顶，花期4～5月。

牡丹的品种很多，大致可分为中原种群、西南种群、西北种群、江南种群以及海外种群等。株型有直立型、疏散型、开张型、矮生型、独干型等。花色有白、红、紫红、粉红、黄、绿、黑红、黑紫以及复色等；花型则有单瓣型、荷花型、皇冠型、绣球型、菊花型、蔷薇型、金环型、托桂型、千层台阁型、楼子台阁型等多种。比较著名的品种有姚黄、魏紫、赵粉、豆绿、洛阳红、白雪塔、青龙卧墨池、二乔、酒醉杨妃、御衣黄、葛巾等。变种紫斑牡丹，别名西北牡丹、甘肃牡丹，花型多为单瓣，花瓣一般为白色（园艺种有重瓣或半重瓣花型，花色有粉、红等），花瓣内面基部具深紫色斑块。

1.凤丹
2.豆绿
3.白雪塔
4.贵妃插翠

1	2
3	4

乌金耀辉

牡丹的芽

牡丹的花朵硕大，花色丰富，姿态端庄，给人以雍容华贵的感觉，被称为"花中之王""国色天香"，有着丰富的文化底蕴，以此为题材的文艺作品数不胜数。可植于公园、庭院，也可盆栽观赏。某些品种的根皮入药，名曰丹皮或牡丹皮、粉丹皮、刮丹皮，有清热凉血、活血化瘀之功效。花瓣可供食用或蒸酒。

养护　牡丹喜温暖干燥和阳光充足的环境，耐寒，耐干旱，耐半阴，怕热，忌积水。适宜在土层深厚、疏松肥沃、地势高燥、排水良好的中性砂壤土中生长。生长期浇水掌握"不干不浇，浇则浇透"。8月前天气炎热，植株的水分蒸腾量大。而且此时是牡丹花芽分化的关键时期，除要及时浇水外，在天气晴朗的日子里，每天还要向枝叶喷水一次，以增加小气候的湿度，降低温度。但也不能积水，雨季也要注意排水，以免造成根部腐烂，枝叶徒长，影响美观。牡丹一般在2月的中下旬萌动，4月开花，花前要保证有充足的养分供应，3～4月开花前，追施1～2次腐熟的稀薄液肥，展叶后每周向叶面喷施一次0.2%的磷酸二氢钾溶液。开花后半个月再追施1～2次腐熟的稀薄液肥，以补充开花所消耗的养分，为以后的花芽分化打下良好的基础。

牡丹为深根性植物，其根肉质，须根较少，而盆栽植株，为了美观，盆器一般不大，容积较小，这样会造成牡丹根系发育不完善，营养供应不充足，因

形相似

此培养土配制是否成功，是牡丹盆栽的关键所在。其培养土要求疏松、透气、肥沃，含腐殖质丰富，肥效持久，可用腐殖土2份、马粪1份、园土2份、炉渣1份进行配制，并在盆底放动物的蹄甲、碎骨头等含磷量较高的肥料做基肥。这样可使盆中的牡丹正常开放、花色鲜艳、花朵硕大，从而达到牡丹浅盆栽培的生长要求。花谚有"春天栽牡丹，到老不开花"的说法，因此其上盆多在9～10月

秋季进行。如果能够做到不伤根，保持土团的完整，也可在春季栽种。因此对于春节期间观赏的盆栽牡丹，也可在花谢后植入地下养护。

繁殖 以分株为主，宜在9～10月进行。也可用芍药的根作砧木进行嫁接；某些品种还可用扦插、压条等方法繁殖。播种的实生苗变异性较大，多用于新品种的选育。

1. 岛锦
2. 海黄
3. 金阁
4. 紫斑牡丹

1	2
3	4

那些相似的花儿：160种花卉的辨识养护

荷包牡丹 *Lamprocapnos spectabilis*

别名兔儿牡丹、鱼儿牡丹、铃儿草。为罂粟科荷包牡丹属多年生宿根草本植物，具肉质根状茎；叶互生，二至三出复叶，小叶有深裂，略似牡丹叶。顶生的总状花序弯向一侧，呈弓形，花朵下垂，花瓣4，外侧两瓣膨大，桃红色，呈心囊状，内部2枚呈白色，形似荷包，4~5月开放。变种有白花荷包牡丹，其茎秆为绿色，花白色。同属植物约12种，见于栽培的还有大花荷包牡丹等。

荷包牡丹在园林中可丛植、行植、片植，或布置花境、花坛，亦可在疏林中做地被，还可盆栽观赏或作切花使用。其全草入药，有镇痛、解痉、利尿、调经、散血、和血、除风、消疮毒等功效。

养护 荷包牡丹原产我国北方，日本、俄罗斯也有分布，喜温暖湿润的半阴环境，怕烈日暴晒，耐寒冷，适宜在湿润和排水良好的肥沃砂质土壤中生长，在高温、干旱的气候条件下生长不良。盆栽荷包牡丹宜用腐叶土7份、砂土2份、饼肥末1份混匀配制的培养土栽种，每年春季进行移栽，栽后浇透水，放在向阳处养护，当新芽长至6~7厘米时，可追施一次腐熟的稀薄液肥或复合

荷包牡丹

荷包牡丹

肥，以后每半月施肥1次，直至开花，花蕾形成期施一次0.2%的磷酸二氢钾或过磷酸钙溶液，能促使花大色艳。生长期宜保持盆土湿润，但不要积水，连阴雨天注意排水防涝。夏季高温时注意遮光，以防止烈日暴晒。入冬以后，地上部分枯萎，移至室内，控制浇水，0℃以上可安全越冬。

地栽荷包牡丹应选空气流通之处，低洼积水之处则不宜种植，栽植前要深翻床土，并施入腐熟的有机肥。生长期可结合灌水进行追肥1～2次；平时注意中耕松土，以保持土壤的通透性。霜降前浇1次透水有利于防寒，冬季覆盖稻草或树叶保温。

繁殖 常用分株、扦插、播种的方法。

那些相似的花儿：160种花卉的辨识养护

洋牡丹 *Ranunculus asiaticus*

中文正名花毛茛，别名波斯毛茛、芹菜花。为毛茛科毛茛属宿根草本植物，具纺锤形小块根。叶片形似芹菜叶，绿色。花单生或数朵顶生，花瓣质薄，富有光泽，有单瓣与重瓣、半重瓣之分，花型有牡丹花型、月季花型、绣球花型、山茶花型、菊花型、芍药型花、大丽花型、卷曲型、花边型、紫边绿心型、条纹花瓣型以及蝴蝶系列、复古系列、盆栽系列、花谷系列、玫瑰系列等类型和系列。花朵直径4～6厘米，某些园艺品种可达10厘米以上，颜色有红、白、粉、黄、橙、紫、绿以及复色等多种，正常花期4～5月，在人工栽培的条件下，花期可提前到1～3月开放。

洋牡丹花朵硕大，花形紧凑，多瓣重叠，可盆栽观赏或布置花坛、花境；因其花梗挺拔坚实，可作很好的切花材料。

养护 洋牡丹原产欧洲南部和亚洲西南部，喜凉爽湿润的半阴环境，忌炎热和干旱、积水，也怕烈日暴晒，有一

洋牡丹（花毛茛）

洋牡丹（花毛茛）　　　　　洋牡丹（花毛茛）

定的耐寒性。具有秋冬季节生长、春季开花、夏季高温休眠的习性。适合在含腐殖质丰富、肥沃疏松而排水良好的砂质土壤中生长。一般在9月初栽种，分离块根时应注意带有根颈部，否则不能发芽。栽好后将花盆放在光线明亮又无直射阳光处养护，保持盆土湿润而不积水，冬季移入0℃以上的冷室内越冬，不必浇太多的水。春天植株生长旺盛，应保持湿润，开花前施2~3次腐熟的稀薄液肥，可促使开花繁茂。花期盆土稍干一些，以延长花期。对于一些大花品种现蕾初期应注意疏蕾，以集中养分促使花大，以体现优良品种的特性。花后若不留种，应及时剪去残花，以避免消耗过多的养分，并追施1~2次腐熟的液肥，促使块根的发育。6~7月植株进入休眠期，可将块根从土中挖出，表皮晾干后放在通风干燥处或埋在沙子里沙藏度夏，也可留在原盆中度夏，但要严格控制浇水，更不能雨淋，以防腐烂。

繁殖　分株、播种，均在秋季进行。

玉兰&荷花玉兰&白兰

玉兰、紫玉兰、二乔玉兰、荷花玉兰、白兰同属木兰科植物，其同中有异，都是很好的观赏花木。

玉兰 *Magnolia denudata*（异名 *Yulania denudata*）

别名木兰、白玉兰、望春花、应春花、玉堂春。为木兰科木兰属落叶乔木。冬芽及花梗密被淡灰黄色长绢毛，单叶互生，叶片倒卵形、宽倒卵形或倒卵状椭圆形，纸质，绿色，全缘。花先于叶开放，花朵钟形，大型，白色，有时基部带有红晕，雄蕊群淡绿色，具有芳香。根据各地的气候不同，花期12月至翌年

白玉兰

1.紫玉兰

2.二乔玉兰

3.红运玉兰

1 | 2
  | 3

的4月，其中2～3月为盛花期。聚合果呈不规则圆柱形，橙红色。种子心形，黑色。9月果实成熟。园艺种有开黄色花的飞黄玉兰、黄鸟玉兰等。

玉兰的近似种有望春玉兰（*M. biondii*）、紫玉兰（*M. liliflora*）、黄山玉兰（*M. cylindrica*）、光叶玉兰（*M. dawsoniana*）、星花玉兰（*M. stellata*）、武当玉兰（*M. sprengeri*）等。此外，还有一些园艺杂交种。其中的望春玉兰开花最早，甚至能在早春皑皑白雪中绽放。而紫玉兰与二乔木兰较为相似，主要区别是：

紫玉兰别名木笔、辛夷。先展叶后

开花或花叶同出，花瓣外面紫红色或紫色，内面白色或淡紫色。二乔木兰也叫二乔玉兰、朱砂玉兰。是玉兰与紫玉兰的杂交种，先花后叶，花瓣外面粉红色或淡紫色，内面白色，花期比紫玉兰略早。其品种有20多个，有些品种还具有多花性，除春季展叶前后开花外，在夏秋季节也有花朵绽放，但数量较少，像红运玉兰等。

玉兰植株高大，花朵硕大，清丽雅致，芳香宜人，早春盛开时繁花满树，花后枝叶茂盛，树姿优美。在古典园林中常在厅堂前、院落后种植，名曰"玉兰堂"，也可与海棠、牡丹、桂花配植，谓之"玉堂富贵"。玉兰的花蕾、树皮可入药，有除风、通窍的功能，紫玉兰的花蕾晒干后称辛夷，气香，味辛辣，主治鼻炎、头痛，作镇痛消炎剂。玉兰花可提制浸膏作化妆品香精；花瓣敦厚清香，糖浸或油煎后可食用，也可熏茶或作糕点、果脯。

养护 玉兰喜温暖、湿润和阳光充足的环境，稍耐半阴，耐寒冷。适宜在肥沃、湿润和排水良好的砂质土壤中生长。因其是肉质根，既不耐干旱，也怕积水。生长期保持土壤湿润而不积水，雨季注意排水，并经常松土，以利透气，防止烂根。玉兰喜肥，每年至少要施2次肥，第一次在花后的5～6月份，腐熟的稀薄液肥或复合肥均可，以利花芽的形成。第二次在入冬时结合浇封冻水进行。此外，还可在春季开花展叶施一次腐熟的有机肥，以使花朵硕大，并延长花期。长期生长在偏碱性土壤中的玉兰会因缺铁导致叶片发黄，妨碍光合作用的正常进行，严重时植株生长缓慢，花芽缩小，甚至枝叶干枯，可用0.2%的硫酸亚铁（黑矾）向叶面喷洒，也可在浇水时在水中放入硫酸亚铁使其通过根部吸收。玉兰的萌发力不是太强，不宜重剪，也不宜做蟠扎造型，可在秋季落叶后或春季花后剪除枯枝，长势较弱的病虫枝以及扰乱树形的枝条。

繁殖 可在春季播种或生长季节进行压条、嫩枝扦插，对于优良品种可用山玉兰、辛夷的实生苗作砧木，在秋季以芽接的方法进行嫁接。

1. 飞黄玉兰
2. 望春玉兰
3. 玉兰的果实
4. 武当玉兰

1	2
3	4

荷花玉兰 *Magnolia grandiflora*

又叫广玉兰、洋玉兰。为木兰科木兰属常绿乔木，在原产地高达30米，叶厚革质，椭圆形、长圆状椭圆形或倒卵状椭圆形，叶面深绿色，有光泽。花白色，花瓣质厚，有芳香。聚合果圆柱状长圆形或卵圆形。花期5～6月，果期9～10月。变种有窄叶荷花玉兰。

荷花玉兰株形优美，四季常青，花色洁白素雅，花朵硕大，具芳香，对二氧化硫、氯气、氟化氢等有毒气体及烟尘都有着较强的抗性，可盆栽观赏或植于工业园区及道路两旁，净化空气。其叶、幼枝和花均可提取芳香油；花祛风散寒，止痛，可用于治疗外感风寒，鼻塞头痛。

养护　荷花玉兰原产北美洲东南部，喜温暖湿润和阳光充足的环境，苗期有较强的耐阴性，耐寒性好，能耐短期的−19℃低温。适宜在土层深厚、肥沃湿润而排水良好的微酸性至中性土壤中生长，碱性土壤生长不良。平时宜保持土壤湿润，但不要积水，雨季注意排水，以免因水渍引起烂根。移栽可在早春或雨季进行，移栽时要带土球，以保护根系不受伤损。

繁殖　早春2月中下旬播种。4～5月进行压条。以紫玉兰为砧木，在早春萌芽前，以切接的方法进行嫁接。

荷花玉兰

荷花玉兰的果实

白兰 *Michelia × alba*

别名白兰花、白玉兰。为木兰科含笑属常绿乔木，幼枝和芽密生淡黄色柔毛，叶互生，长椭圆形，先端渐尖，全缘，浅绿色，有光泽，革质。花单生于叶腋，白色，有浓香，花期夏秋。菁葖果，内有种子2～5粒。

白兰枝叶四季常青，洁白的花朵芳香浓郁，是著名的香花树种。除供观赏外，花朵还可熏茶、煲汤或泡水代茶饮用。花、叶入药有开胸散瘀、除湿化浊、行气止咳的功效。

养护 白兰原产于亚洲的热带地区，喜温暖湿润和阳光充足的环境，不耐烈日暴晒，怕严寒，既不耐涝，也不耐干旱，还怕烟尘。北方地区多作盆栽观赏，生长期可放在阳光充足、空气湿润、远离烟尘处养护，夏季搭遮阳网或放在其他无直射阳光的地方。平时保持盆土和空气湿润，但不要积水，雨季注意排水防涝，以免烂根。每周施一次腐熟的稀薄液肥，每隔7～10天施一次矾肥水（二者可交替进行），开花前增施1～2次速效磷肥，以促使花大、瓣厚、味香。每次浇水、施肥后都要及时松土，以增加透气性，防止烂根。

根据各地气候的不同，每年10月上旬或中旬移入室内，入室前剪去枯枝、徒长枝、过密枝，入室后放在阳光充足处，室温维持10℃以上，控制浇水。早春对植株进行一次修剪，剪去病虫枝、枯死枝。每2～3年的春季换盆一次，换盆时不要对根系作过多的修剪，在剪除腐烂根的基础上，尽量保留原有的须根，由于白兰花是肉质根，最好在盆底铺3厘米厚的小石子作为排水层，以防烂根。盆土宜用含腐殖质丰富、疏松透气、排水性良好的微酸性砂质土壤。

繁殖 可在6～8月进行高空压条。还可在6～7月用黄兰或含笑的苗作砧木，以靠接的方法进行嫁接。

白兰

黄刺玫 & 黄木香花 & 棣棠花

黄刺玫与木香花、棣棠花花期相同，花型近似，其中重瓣黄刺玫与重瓣黄木香的花尤为近似，不少人将其弄混。

黄刺玫 *Rosa xanthina*

又称黄刺梅、黄刺莓、刺梅花、硬皮刺梅。为蔷薇科蔷薇属落叶灌木，植株丛生，有宽扁的硬皮刺。奇数羽状复叶互生，小叶片近圆形或椭圆形，边缘有圆钝锯齿。花单生于叶腋，花朵直径约4厘米，黄色，花型有单瓣、重瓣，其中单瓣种为原始种，花期4～5月。重瓣品种花后一般不结实，而单瓣品种则有较高的结果率，果实近球形，8～9月成熟后为红褐色。近似种黄蔷薇（*R. hugonis*），与黄刺玫极为相似。主要区别是其小枝有皮刺和针刺；小叶片下面无毛，叶边缘锯齿较为尖锐；花朵较大，直径4～4.5厘米。

黄刺玫叶片秀丽，花色明媚灿烂，单瓣品种秋季红褐色的果实挂满枝头，是

重瓣黄刺玫

那些相似的花儿：160种花卉的辨识养护

花、叶、果俱佳的园林花木。适合种植于庭院、草坪、路旁绿化带、河岸等处，也可盆栽观赏，都能收到很好的效果。

养护 黄刺玫原产于我国的北方各地以及东北、西北等地区，朝鲜半岛也有分布，多生长在海拔600~1200米的向阳坡灌木丛中。喜温暖湿润和阳光充足的环境，稍耐阴，耐寒冷和干旱，怕水涝。对土壤要求不严，在贫瘠、碱性土壤中都能正常生长，最好种植在向阳、高燥的地方，荫蔽处则因光照不足使枝条生长细弱，开花稀少、花朵变小，不宜种植。

黄刺玫的修剪可在冬季落叶后进行，将枯枝、老枝、细弱枝、病虫枝剪去，过长的枝条剪短，对于生长多年的老株可疏剪内膛过密枝，以增加植株内部的通风透光，有利于第二年的生长。但对于一二年生的枝条要尽量少剪，以免影响开花量。花后将残花和过老的枝条剪除，以利于植株的更新。

繁殖 常用分株、压条、扦插、播种等方法。对于重瓣品种的黄刺玫，还可用单瓣黄刺玫做砧木，进行嫁接。

```
1 | 2
—————
  3
```

1.黄刺玫的果实

2.黄刺玫

3.黄蔷薇

形相似

黄木香花 *Rosa banksiae f. lutea*

系木香花的变种。为蔷薇科蔷薇属常绿或半常绿攀缘藤本植物，老枝褐色，有条状剥落，小枝绿色，无刺或有少量的刺。复叶互生，小叶3~5枚，边缘有细锯齿。伞形花序着生于短枝先端，3~15朵簇生，花朵直径2~3厘米，花瓣众多，其味具有浓郁的芳香，花期4~5月。

黄木香的原种木香花也称木香、木香藤、锦棚花、七里香、十里香，花白色。相关种群有单瓣白木香花、单瓣黄木香花、大花白木香等。其花朵芳香浓郁，花色或素雅或温馨，可作为棚架花卉种植于庭院，也可盆栽观赏，或者用作嫁接月季的砧木。除供观赏外，木香花香味醇正，带有甜香，半开时可摘下熏茶；用白糖腌渍后制成木香花糖糕，可与著名的玫瑰花糖糕媲美。需要说明的是中药中的木香为菊科多年生草本植物，不是本种，也不能代用。

养护　黄木香花原产我国的西南地区及秦岭、大巴山，喜温暖、湿润和阳

木香花棚架

黄木香花

单瓣白木香花

木香花

光充足的环境，耐寒冷和半阴，怕涝。地栽可植于向阳、无积水处，对土壤要求不严，但在疏松肥沃、排水良好的土壤中生长较好。生长季节保持土壤湿润，避免积水；春季萌芽后施1～2次复合肥，以促使花大味香，入冬后在其根部周围开沟施一些腐熟的有机肥，并浇透水。冬季或早春对植株进行一次修剪，剪去徒长枝、枯枝、病枝和过密的枝条。也可用大的盆器栽种或种植于花池，栽种时施足基肥，并设立支架供其攀缘。生长期保持盆土湿润而不积水，每20～30天施一次腐熟的稀薄液肥，注意肥水中的氮肥含量不宜过多，否则枝叶生长茂盛，却开花不多。除冬季修剪外，花谢后应及时剪去残花梗和部分枝条，以保证养分供应集中，长出健壮的新枝，使来年多开花。

繁殖 可用扦插、压条、播种等方法。

形相似

棣棠花 *Kerria japonica*

别名黄榆叶梅、黄花榆叶梅。为蔷薇科棣棠花属落叶灌木,小枝绿色,常呈拱形下垂。叶互生,三角状卵形或卵圆形,顶端长而尖,叶缘有重锯齿。花单生,黄色。花期4~6月。变种重瓣棣棠花,具花瓣多数,花后不结实。

棣棠花色泽明丽,宜植于草坪边缘、路旁、绿地、庭院等处。其花入药,有消肿、止咳、止痛、助消化等功效。

养护 棣棠花喜温暖湿润和半阴的环境,其习性强健,对土壤要求不严,但在疏松肥沃的砂壤土中生长最好。平时管理较为粗放,生长期保持土壤有一定的湿度,但不要积水。整个生长期施肥2~3次。花后进行修剪,将上部的枝条剪除,只留50厘米高,以促进底下芽的萌发。冬季落叶后,会出现枯枝现象,可在2~3月进行修剪,以促进新枝的萌发,有利于开花。

繁殖 常用分株、扦插等方法。

1.棣棠花植株
2.重瓣棣棠花
3.棣棠花

1	
2	3

果桃&花桃

桃，在我国有着3000多年的栽培历史。按用途不同，可分为以食用为主的果桃和以观赏为目的的花桃。其中果桃的果实味道甘美多汁，可食用，一般作为果树种植。花桃花色丰富而娇艳，通常作为花卉栽培。因此重点介绍的是花桃。

"桃之夭夭，灼灼其华"，桃的花语有着多重含义，像用"桃李满天下"来比喻学生弟子的众多；"桃花源"表示悠闲恬静的理想国；而桃的果实则是健康长寿的象征，即寿桃；桃的枝叶还有驱鬼避邪之意；桃花还象征着爱情，有"爱情俘虏"之含义，如平常所说的桃花运。

花桃 *Amygdalus persica*

又叫观赏桃，是指以观赏为目的的桃树品种。为蔷薇科桃属落叶灌木或小乔木，树型有直枝型（枝条向上或斜展，树冠宽广而平展，大多数桃均属此类型）、寿星桃（植株低矮，枝条缩短，花与花之间的距离较近）、垂枝型（枝条下垂，至

白花碧桃

垂枝型桃花

少先端的小枝下垂）、帚枝型（也叫照手型，枝条密集向上生长，株形似扫帚）。小枝红褐色或绿褐色；芽上有灰色柔毛；叶片椭圆状披针形，先端渐尖，边缘有细锯齿，叶色除绿色外，还有紫红色。花单生或2朵生于叶腋，与叶同放或略早于叶开放，花色有白色、粉红、绯红、深红、紫红等，有些品种在同一植株，甚至同一朵花上也有不同颜色的变化。花型有单瓣型、梅花型、月季型、牡丹型、菊花型、铃型等多种。花期因地区而异，在广东、广西等较为温暖的地区，春节前后就能开放，甚至更早，而北方较为寒冷的地区一般到4~5月才开花。

1. 单瓣型桃花
2. 梅花型桃花
3. 红叶碧桃
4. 菊花桃
5. 双色桃花
6. 牡丹型桃花
7. 帚枝型桃花
8. 寿星桃

1	2
3	4
5	6
7	8

花桃主要有碧桃、人面桃、寿星桃、照手桃、弯枝、瑞光桃等，其中的碧桃品种较为丰富，主要有洒金碧桃、红花碧桃、紫叶碧桃、白花碧桃、千瓣碧桃、两色碧桃、五彩碧桃等。

与以食用为目的的果桃相比，花桃具有花朵大、花瓣多、花型优美、花色丰富等特点。除个别品种外，花后一般不结果实，即便结果，也不堪食用。但它那明媚灿烂的花朵却是春天的象征，可植于庭院或盆栽观赏，制作盆景。

养护　花桃喜温暖湿润和阳光充足的环境，耐寒冷，但怕涝。适宜在疏松肥沃、排水良好的砂质土壤中生长，忌碱性土和黏重土。平时浇水不宜过多，"不干不浇，浇则浇透"是最佳的选择。秋季控制水肥，以防止秋梢萌发，促进当年生枝条木质化，有利于安全越冬。冬季移至冷室内或在室外避风向阳处越冬，浇水掌握见干见湿。每年春季换盆一次。

花桃的修剪，主要目的是控制植株高度，保持树形的美观，抑制顶端优势，促进下部枝条的生长和花芽的形成。先在春季开花前进行一次小的修剪整形，剪除影响树形美观的枝条，使其在开花时有一个优美的树形。花后再进行一次大的修剪，修剪时先对侧枝进行适当短截，再结合整形剪去病虫枝、内膛枝、枯死枝、徒长枝、交叉枝，使树冠丰满圆整，并始终保持有良好的通风透光性，将开过花的枝条短截，只留基部的2～3个芽，这些枝条长到30厘米左右时应及时摘心，夏季当枝条生长过旺时也要及时摘心，以促进腋芽饱满，多形成花枝，有利花芽分化。

繁殖　以嫁接为主，可用毛桃、山桃、杏的一年实生苗作砧木，接穗则用优良品种观赏桃花的枝或芽。可在春季发芽前进行劈接（枝接）或5～8月进行芽接。

观赏桃的果实

食用桃的果实（蟠桃）

形相似

每年春天，杏花、樱桃花、桃花、梨花依次绽放，它们均属蔷薇科植物，花型也颇多相似之处，很多人傻傻分不清。

杏花、桃花是贴梗而生，几乎没有花柄，杏花的花萼反折，开放时没有叶子，花色只有粉白色一种颜色，花瓣圆润；桃花是花叶同放或略早于叶，花瓣散而薄，不会形成明显的圆形，颜色为深浅不同的绯红色。而樱桃花与梨花都有花柄，其中樱桃花的花柄较短，花开时无叶，花朵较小，花瓣白色或淡粉色，有明显的缺口，花药黄色。梨花的花柄较长，花开时新叶已长出，其花朵较大，白色，没有明显的缺口，花药粉红色或黑色。

| 1. 梨花 | 2. 桃花 | 1 | 2 |
| 3. 杏花 | 4. 樱桃花 | 3 | 4 |

垂丝海棠&西府海棠&北美海棠

海棠素有"花中神仙""花贵妃""花尊贵"之称。我国常见栽培的有蔷薇科苹果属的垂丝海棠、西府海棠，木瓜属的木瓜海棠、贴梗海棠等种类，明代的王象晋在《群芳谱》一书中称之为"海棠四品"。其中的垂丝海棠、西府海棠形态较为近似，而北美海棠（现代海棠）系列品种则是从加拿大、美国等北美地区引进的苹果属海棠。

苹果属植物广泛分布于北温带。其中具有观赏专用价值的种群称为观赏海棠。海棠与苹果的区分主要看果径的大小，直径小于5厘米者称为海棠，反之称为苹果。

垂丝海棠 *Malus halliana*

因花梗细长，花朵下垂而得名。为蔷薇科苹果属落叶乔木，树冠开张，小枝细弱，微弯曲，紫色或紫褐色。叶片卵形或椭圆形至长椭圆卵形，先端渐尖，边缘锯齿细小而钝。伞形总状花序，着花4~7朵，花梗细弱，下垂，紫色，花蕾红色，盛开后呈淡粉红色，花期3~4月。其变种白花垂丝海棠和重瓣垂丝海棠也常见于栽

垂丝海棠花语有游子思乡、表达离别愁绪的意思，有时也用来比喻美人

垂丝海棠的果实

培。果实梨形或倒卵形，略带紫色，果熟期9~10月。

垂丝海棠花姿轻盈潇洒，色彩娇艳，宜植于小径两旁，或孤植、丛植于草坪上，或植于水边，也可盆栽观赏或制作盆景。

养护 垂丝海棠喜温暖湿润和阳光充足的环境，稍耐阴。盆栽植株可放在室外阳光充足、空气流通之处养护，保持土壤湿润而不积水，盛夏高温之时还应经常向叶片以及植株周围喷水，以增加空气湿度，为其创造一个相对凉爽湿润的环境，雨季注意排水防涝，以免因盆土积水造成烂根。入秋后，控制浇水，以防抽生秋梢，同时促使夏梢及早木质化，以利于越冬。4~9月的生长期每月施一次腐熟的稀薄液肥或氮磷钾元素均衡的复合肥，在7~9月的花芽分化期，可追施2~3次磷酸二氢钾之类的速效磷钾肥，以促进花芽分化。垂丝海棠有一定的耐寒性，冬季可将其连同花盆一起埋在室外避风向阳之处的土内或放在不结冰的大棚或冷室内越冬。

垂丝海棠的花大多着生在一年生枝的顶端，为此可在开花后进行一次修剪，对较长的营养枝进行短剪，以促进多形成着花的短枝，有利于花芽的形成。及时剪去徒长枝、交叉枝、重叠枝等影响树形的枝条，以确保养分集中供应短枝的生长，当植株落叶后进行一次全面的整形，同时剪去病虫枝、衰弱枝。

每年春天花后或秋季落叶后进行翻盆，盆土要求疏松肥沃、排水良好，可用园土2份、腐叶土2份、河沙1份的混合土，并在盆底施以动物的蹄甲、骨头或过磷酸钙等做基肥。

繁殖 可用播种、压条、扦插、嫁接等方法。

西府海棠 *Malus × micromalus*

别名小果海棠、海红、子母海棠。为蔷薇科苹果属落叶小乔木，树枝直立性强；幼枝有短柔毛，老皮平滑，紫褐色或暗褐色，具稀疏的皮孔。叶片长椭圆形或椭圆形，先端渐尖，边缘疏生腺齿。伞形总状花序生于小枝顶端，有花4～7朵，花蕾红色，花朵重瓣或单瓣，淡红色至白色，花期3～4月。果实近球状，直径1～1.5厘米，秋季成熟后淡黄色或有红晕。

西府海棠由海棠花（*M. spectabilis*）与山荆子（*M. baccata*）杂交而成，其形态与海棠花极为相似，仅叶片有一定差异。同属中的八棱海棠（*M. robusta*）、湖北海棠（*M. hupehensis*）等也与西府海棠颇多相似之处。

西府海棠在海棠花类中树态峭立，花红，叶绿，果美，不论孤植、列植、丛植均极美观。也可盆栽观赏或制作盆景，开花之时可将花枝剪下瓶插观赏。

西府海棠风姿绰约，其花语有单恋、美丽、娴静等含义。在中国古典园林中，西府海棠还常与玉兰、牡丹、桂花等相配植，以形成"玉堂富贵"的意境。

养护与繁殖 西府海棠习性与垂丝海棠习性相近，养护与繁殖可参考垂丝海棠。

1. 西府海棠
2. 湖北海棠
3. 西府海棠的果实

| 1 | 2 |
| | 3 |

形相似

北美海棠 *Malus* 'American'

也叫现代海棠。是对在加拿大和美国等北美地区流行并应用几十年的海棠种类的总称，包括多个种及种下变种和品种。为蔷薇科苹果属落叶小乔木或灌木，其分枝多变，或互生，或直立，或下垂，或弯曲，新枝棕红色或黄绿色，老干灰棕色，有光泽。叶色除常见的绿色外，还有红、紫红等颜色。花色有白、粉红、红、紫红等颜色。果实扁球形，有红、紫红、黄、橙黄等颜色。花期3～4月，果期5～12月，甚至可延续到翌年2月。其品种丰富，主要有北美之王海棠、宝石海棠、草莓果冻海棠、草原之火海棠、道格海棠、红丽海棠、红哨兵海棠、粉芽海棠、凯尔斯海棠、罗宾逊海棠、王族海棠、绚丽海棠、雪球海棠、亚当海棠、印第安魔力海棠、钻石海棠、琥珀海棠、舞美海棠、粉顶屋海棠、喜洋洋海棠等。

北美海棠花姿娇艳动人，可观花，可观果，可赏叶，有着较高的观赏性。有些品种的北美海棠的果实还能食用，像火焰海棠，口感酸甜爽脆，堪与苹果媲美。

养护与繁殖 北美海棠习性与垂丝海棠近似，但耐寒性更强。养护与繁殖可参考垂丝海棠。

1. 凯尔斯海棠
2. 王族海棠
3. 粉芽海棠
4. 绚丽海棠

1	2
3	4

1. 凯尔斯海棠

2. 火焰海棠

3. 粉芽海棠

4. 绚丽海棠

5. 冬红果海棠

6. 道格海棠

1	2
3	4
5	6

形相似

贴梗海棠&日本海棠 &木瓜海棠&华丽木瓜

贴梗海棠、木瓜海棠、日本海棠及华丽木瓜是几种形态较为相似的植物，其花盛开于春季，给人以"占尽春色竞风流"的感觉；有些种类秋季还可结果，果实能散发出芳香气味，可谓春华秋实，花果俱佳。

贴梗海棠 *Chaenomeles speciosa*

中文正名皱皮木瓜，别名铁脚海棠、贴梗木瓜、木瓜海棠、木瓜、楸。为蔷薇科木瓜属落叶灌木，株高2米，枝条直立开展，小枝有刺，无毛，紫褐色或黑褐色，有疏生的浅褐色皮孔。单叶互生，叶片卵圆形至椭圆形或长椭圆形，先端急尖，稀圆钝，基部楔形，边缘有锐齿。花3～5朵簇生于2年生枝条上，花梗粗

贴梗海棠的花

贴梗海棠的植株　　　　贴梗海棠的果实

壮，花鲜红色，少数淡红色或白色。花期3~4月，稍先于叶或花叶同放。梨果球形或卵球形，直径3~5厘米，9~10月成熟后黄色或黄绿色，有芳香。

贴梗海棠花色娇艳，适宜丛植于草坪一角、道路两旁的绿化带以及树丛边缘、池畔、花坛、庭院墙隅，也可与山石、劲松、翠竹配小景，做花篱种植，因其枝条柔韧性好，可蟠扎制作孔雀开屏、骆驼及龙、凤等动物造型；盆栽观赏或制作盆景效果也很好。其果实含苹果酸、酒石酸、枸橼酸及丙种维生素等，干制后入药，有祛风、舒筋、活络、镇痛、消肿、顺气之效。

养护　贴梗海棠原产我国的中部地区，华北南部、西北东部和华中地区，缅甸也有分布。习性强健，喜温暖湿润和阳光充足的环境，耐寒冷，冬季能耐-20℃的低温，具有很好抗旱能力，但怕水涝。对土壤要求不严，但在肥沃疏松、土层深厚、排水良好的土壤中生长更好。可植于阳光充足的高燥处，积水的低洼处不宜种植，否则会因土壤水分过多，使植株瘦弱，枝叶生长细弱，抗逆性明显下降，土壤长期积水还会造成烂根。盆栽植株每半月施一次腐熟的稀薄液肥或复合肥，施肥时可加入一些硫酸亚铁（黑矾），以增加植株对铁元素的吸收，避免因缺铁引起的新叶发黄。对于以观果为主的品种，在6、7月果实逐渐膨大时，应增加磷钾肥的用量，可向叶面喷施0.2%的磷酸二氢钾溶液，以满足果实发育的需要。每年的10月在花盆内埋入腐熟的饼肥，以支持来年植株的生长和开花。

贴梗海棠耐修剪，可在每年秋季落叶后或春季萌芽前进行一次修剪，其树形以多分枝的灌木形为主，也可修剪成球形、圆柱形、花篮形或其他形状，并剪除重叠枝、交叉枝、病虫枝、弱枝、徒长枝，以增加树冠内部的通风透光。将隔年已开过花的老枝顶部短截，仅留枝条基部25～30厘米，以集中养分，多发花枝。

贴梗海棠果大量重，盆栽不宜多挂果，花后应及时疏果，果实成熟后虽不再生长，但也要消耗养分，应摘除。对于某些以观花为主的重瓣品种，花后可摘除残花，勿令其结果，以利于树势的恢复。

每年春季换盆一次，盆土要求疏松肥沃，含腐殖质丰富，并有良好排水透气的砂质土壤，并在盆底放些腐熟的饼肥、动物蹄甲、骨头等做基肥。

繁殖 可用播种、分株、扦插、压条等方法，对于一些优良品种还可用嫁接的方法繁殖。

白花贴梗海棠

木瓜海棠 *Chaenomeles cathayensis*

中文正名毛叶木瓜，别名木瓜、毛木瓜。为蔷薇科木瓜属落叶灌木至小乔木，株高2～6米，枝条直立，具短枝刺，小枝圆柱形，微弯曲，紫褐色，无毛。叶片椭圆形、披针形至倒卵状披针形，先端急尖或渐尖，边缘有细芒状锯齿，上半部有时会形成重锯齿，下半部锯齿较疏，甚至全缘，叶被有褐色柔毛。花先于叶开放，2～3朵聚生于2年生枝条上，花梗短粗或近于无梗，花萼筒状，花瓣淡红色或白色，有些园艺种则为鲜红色。梨果卵球形或圆柱形，长8～12厘米，宽6～7厘米，先端有凸起，黄色有红晕，味芳香。花期3～5月，果期9～10月。

木瓜海棠原产我国的甘肃、陕西、江西、湖北、湖南、四川、云南、贵州、广西等地，观赏价值与贴梗海棠基本相同。果实入药有解酒、去痰、顺气、止痢之效。其习性与贴梗海棠近似，管理与繁殖可参考贴梗海棠。但其耐寒性较差，栽培中应注意防寒防冻。

木瓜海棠　　　　木瓜海棠的果实

形相似

日本海棠 *Chaenomeles japonica*

中文正名日本木瓜，别名倭海棠、和圆子、日本贴梗海棠。为蔷薇科木瓜属落叶簇生小灌木，株高约1米，枝条广开，有细刺。小枝圆形，粗糙，幼时被有茸毛，紫红色，2年生枝黑褐色，具鳞斑。叶片倒卵形、匙形至宽卵形，先端圆钝，稀急尖，边缘有圆钝锯齿。花3～5朵簇生，短梗或近于无梗，花萼筒状，花瓣砖红色。花期3～6月。梨果近球形，直径2～3厘米，10月成熟后呈黄色，有芳香。

日本海棠有斑叶、平卧（爬地）、白花等变种。其园艺种长寿梅植株矮小，节间短，花红色或白色，适合盆栽或制作盆景。

养护与繁殖　日本海棠原产日本，习性与贴梗海棠相似。其养护管理与繁殖可参考贴梗海棠。

1. 日本海棠
2. 日本海棠的果实
3. 长寿梅

1
―――
2 | 3

华丽木瓜 *Chaenomeles × superba*

别名傲大贴梗海棠。为蔷薇科木瓜属园艺杂交种。其品种丰富，花朵有单瓣、重瓣，而且花朵较大，着花多而密，老干、老枝和头年生枝均着花，花色除红色外，还有白、粉红、橙红、白绿等颜色，其至同一株、同一枝、同一簇、同一朵花能同时开出深红、粉红、纯白以及白色花中加以红线、红瓣、红边等复色。花期极长，有些品种可从3月中下旬陆续开到11月初的初冬季节。品种有大富贵（富贵红宝、世界一号）、长寿冠（红宝石）、长寿乐、银长寿（绿宝石）、东洋锦（猩红与金黄）等。

华丽木瓜花色绚丽丰富，不少品种还可观果，可植于庭院或盆栽观赏、制作盆景。

养护与繁殖 华丽木瓜习性与贴梗海棠相似，其养护与繁殖可参考贴梗海棠。

1		4
2		
3		5

1. 华丽木瓜的果实
2. 东洋锦
3. 银长寿
4. 长寿乐
5. 长寿冠

红花锦鸡儿&小金雀花

在植物中，有不少花朵色泽金黄，形似鸟雀的种类，这些均被称为"金雀"或"金雀儿"。其中较为常见的有红花锦鸡儿、锦鸡儿以及小金雀花等，其他还有毛掌叶锦鸡儿、金雀儿等。

红花锦鸡儿 *Caragana rosea*

别名金雀儿。为豆科锦鸡儿属落叶灌木，株高0.4~1米，树皮绿褐色或灰褐色，小枝细长，具条棱。托叶伴有针刺，叶假掌状，小叶4，楔状倒卵形，先端圆钝或微凹，具刺尖。花梗单生，花萼管状，常呈紫红色，花冠蝶形，黄色，常有紫红色晕斑或全部淡红色，凋谢时变为红色。荚果圆筒形，具渐尖头。花

红花锦鸡儿

锦鸡儿

期以4～6月为主，夏秋季节也有少量的花朵开放。果期6～7月。

锦鸡儿属植物有100余种，主要分布于欧洲和亚洲的干旱、半干旱地区。近似种锦鸡儿（*C. sinica*），别名娘娘袜、阳雀花、黄雀花，因形态与红花锦鸡儿接近常被称为"金雀儿""金雀花"。株高1～2米，树皮深褐色。小叶2对，羽状，有时假掌状，上部的1对叶较下部的大，叶片倒卵形或长圆状倒卵形，先端圆形或微缺，有刺尖或无刺尖。花萼钟状，基部偏斜，花冠黄色，常带红晕。荚果筒状，略扁平。花期4～5月，果期7～8月。

红花锦鸡儿与锦鸡儿花形奇特，色彩明媚。在园林上常做刺篱，或植于路旁、山石旁，也可盆栽观赏或制作盆景。根皮入药，能祛风活血、舒筋、除湿利尿、止咳化痰。花则可作为蔬菜食用。

养护　红花锦鸡儿喜温暖干燥和阳光充足的环境，耐干旱，怕积水，有一定的耐寒性。盆栽植株生长期浇水"不干不浇，浇则浇透"，每20天左右施一次腐熟液肥。经常摘心，随时剪除过长、过乱等影响美观的枝条。春季萌动前对植株重剪一次，剪去弱枝、徒长枝、枯枝；花后剪短已开花的枝条，以促进新枝的萌生，维持树形美观。冬季注意浇水，防止因"干冻"造成植株死亡，但又要避免积水产生的烂根。每1～2年的春季翻盆一次，盆土宜用中等肥力、排水良好的砂质土壤。虫害主要有红蜘蛛、介壳虫等，应注意防治。

繁殖　常用播种、分株、扦插等方法。

小金雀花 *Cytisus spachianus*

别名小金雀，商品名"金丝雀""金雀"。为豆科金雀儿属常绿灌木，株高20～40厘米，掌状三出复叶，有时单叶，小叶长圆形，先端尖，基部楔形。总状花序顶生或腋生，花冠黄色。自然花期春季，人工栽培环境中也可在冬季开放。小金雀花的花色明媚灿烂，花期长，可盆栽观赏或用于布置庭院及园林景观。

金雀儿属植物约50种，产于欧洲、亚洲西部、非洲北部。其他还有金雀儿（*C. scoparius*）以及毛金雀儿、变黑金雀儿等种类。此外，豆科染料木属（*Genista*）的一些种类与本种近似，常被称为"小金雀"或"金雀"。

养护 小金雀花喜温暖、湿润和阳光充足的环境，较耐寒、不耐热。生长期置于光照充足处养护，保持土壤湿润而不积水，以防烂根。每月施一次腐熟的稀薄液肥，入冬前施一次有机肥。越冬温度宜保持5℃以上。夏季高温季节注意通风良好。耐修剪，可在花后剪除残枝，以促发新枝。宜用含腐殖质丰富、排水透气性良好的土壤栽培。

繁殖 播种或分株。

小金雀花

那些相似的花儿：160种花卉的辨识养护

金丝桃＆金丝梅

金丝桃与金丝梅都有着秀美的枝叶和明媚灿烂的花朵，二者同中有异，富有趣味，是颇受人们喜爱的姊妹花。

金丝桃 *Hypericum monogynum*

别名土连翘、狗胡花、过路黄、金线蝴蝶、金丝海棠、金丝莲。为藤黄科金丝桃属半常绿灌木，枝条丛生或疏生，开张；叶对生，无柄或具短柄，叶片倒披针形或椭圆形至长圆形，边缘平坦。疏松的近伞房花序，花瓣金黄色至柠檬黄色，雄蕊5束，每束有雄蕊25～30枚，最长者1.8～3.2厘米，几乎与花瓣等长。蒴果宽卵珠形或卵珠状圆锥形至近球形。花期5～8月，果期8～9月。

金丝桃花色明媚，枝叶秀美，可植于林荫下或山石旁，庭院角隅，也可盆栽观赏；果实在鲜切花中被称为"红豆"，常用于制作胸花、腕花。其根、茎、叶、花、果均可入药，具有清热解毒、散瘀止痛、祛风湿等功效。可用于治疗肝炎、肝脾肿大、急性咽喉炎、结膜炎、疮疖肿毒、跌打损伤等病症；并有抗抑郁、镇静、抗菌消炎、创伤收敛、抗病毒等作用。

养护　金丝桃喜温暖湿润的半阴环境，不耐寒，怕积水，适宜在疏松肥沃、排水良好的土壤中生长。春季发芽前进行一次修剪，使其多萌发新梢，花后及时剪除残花及果，使之再度开花。平时保持土壤湿润而不积水，夏季注意遮阴。生长期每月施肥1～2次，可促进花多叶茂。

繁殖　常用分株、扦插、播种等方法。

金丝桃

金丝梅 *Hypericum patulum*

别名芒种花、云南连翘、断痔果。为藤黄科金丝桃属常绿或半常绿灌木，植株丛生，具开张的枝条。叶具短柄，叶片披针形或长圆状披针形至卵形或长圆状卵形。花序伞房状，花瓣金黄色，稍内弯，雄蕊5束，每束有雄蕊50～70枚，长0.7～1.2厘米，约为花瓣的2/5～1/2。蒴果宽卵珠形。花期6～7月。果期8～10月。

金丝梅花色明媚灿烂，花形优美，宜植于庭院、假山及路边、草坪等处，也可盆栽观赏。其全株入药，性苦、寒，有清热解毒、舒筋活血、利尿通淋及催乳等功效。

养护　金丝梅喜明亮而充足的阳光和温暖湿润的环境，稍耐寒，忌积水。干旱时注意浇水，雨季及时排水防涝。栽种时施以腐熟的有机肥作基肥，以后每年落叶在根际开沟施以堆肥，生长期则不必施肥。夏季或冬季进行修剪，剪除徒长枝、弱枝及病弱枝，根据造型需要，将长枝剪短，以保持良好的株型和旺盛的长势，从而使植株生长旺盛，花繁叶茂，具有较高的观赏性。

繁殖　可用播种、分株、扦插以及组织培养等方法繁殖。

金丝梅

迎春花&黄素馨&探春花

黄素馨与迎春花、探春花同为木犀科素馨属植物，三者形态非常相似，甚至黄素馨还有大花迎春、南迎春等别名。

迎春花 *Jasminum nudiflorum*

也称迎春、金腰带、小黄花。为木犀科素馨属落叶灌木，枝条丛生，呈拱形弯曲。复叶对生，小叶3枚，叶片卵形至长卵形。花单生，花朵高脚碟状，黄色，有时带红晕，2～3月先于叶开放。品种有虎蹄迎春、龙爪迎春、三台迎春等。

迎春花盛开于早春，枝条婀娜多姿，

迎春花

虎蹄迎春

花朵明媚灿烂，可种植于花坛、草坪边缘、庭院、假山石侧、道路绿化带等处。还可盆栽观赏和制作盆景。迎春花还可入药，具有解毒、发汗、利尿的功能，主治发热头痛、小便热痛。叶有活血散毒、消肿止痛的作用，主治肿毒恶疮、跌打损伤、创伤出血等。

养护 迎春花原产我国的中部、西北、西南，生于海拔700～2500米的灌木丛或岩石缝隙中，在农村的田埂、沟壑、土崖地带均有分布。喜温暖湿润和阳光充足的环境，在半阴处也能生长，耐干旱和寒冷，也耐盐碱，但怕积水。生长期浇水做到"不干不浇，浇则浇透"，9月以后要减少浇水，以控制枝条旺长，使其安全越冬。花谚有"迎春花后施肥贵似金"的说法，可在每年春季花谢后追施腐熟的有机液肥1～2次，以补充开花所消耗的养分，使植株长势尽快得到恢复。6～8月是花芽分化期，可增加磷钾肥的使用量，并注意控制浇水，以有利于花蕾的形成。秋季施肥则能增加植株的抗寒能力，并促使花蕾的发育。开花前追施一些肥料，不仅可使花朵肥美，还能延长花期。

每1～2年的春季花谢后翻盆一次，盆土可用园土、腐殖土、沙土各1份混匀后配制，并加入少量腐熟的饼肥、禽畜粪等作基肥。并结合换盆对植株进行修剪，除去干枯枝、病虫枝、徒长枝，生长期注意摘心，以促使植株多分枝，维持树形的完美。

繁殖 迎春花几乎不结种子，多用扦插、压条、分株、嫁接等无性方法繁殖。

黄素馨 *Jasminum mesnyi*

中文正名野迎春，别名大花迎春、南迎春、云南素馨、云南黄素馨、黄馨。为木犀科素馨属常绿直立灌木，枝条柔软，小枝四方形，平展或下垂；叶对生，近革质，三出复叶或小枝基部单叶，小叶长卵形或卵状披针形，先端钝或圆，顶端有小尖。花单生于叶腋，花冠黄色，漏斗形，单瓣（栽培种有重瓣品种），明黄色，有淡香，自然花期主要在3～4月。

养护 黄素馨原产云南，喜温暖湿润和阳光充足的环境，忌干旱和闷热，稍耐阴，对土壤要求不严，但在含腐殖质丰富的砂质土壤中生长最好。平时管理较为粗放，春至秋的生长季节保持土壤湿润而不积水，每月施一次腐熟的稀薄液肥。盆栽植株冬季移置室内向阳处，保持盆土适度干燥，0℃以上可安全越冬。花后对植株进行一次修剪整形，将过长的枝条剪短，剪除弱枝、徒长枝以及其他影响株形的枝条。

盆栽植株春季翻盆，盆土要求疏松肥沃，含有丰富的腐殖质。

繁殖 常用分株、压条、扦插等方法。

黄素馨

黄素馨景观

形相似

215

探春花 *Jasminum floridum*

别名迎夏、牛虱子、鸡蛋黄。为木犀科素馨属直立或攀缘灌木，小枝褐色或黄绿色，当年生枝草绿色。叶互生，复叶，小叶3枚或5枚、7枚，小叶片卵形、卵状椭圆形至椭圆形，倒卵形或近圆形。聚伞花序顶生，多花，花冠黄色，近漏斗形。浆果长圆形或球形，成熟后黑色。花期5～6月，果期9～10月。

养护 探春花喜温暖湿润和阳光充足的环境，耐半阴。其习性强健，适应性强，基本无病虫害。日常管理可参考迎春花。

繁殖 压条、扦插、分株以及播种等方法。

探春花

那些相似的花儿：160种花卉的辨识养护

连翘 & 金钟花

　　连翘、金钟花形态较为接近，习性及养护、繁殖方法基本相同。每年春天，其花先于叶开放，金灿灿的花朵挂满枝条，犹如一条条黄色的绶带，明媚耀眼，适合种植于庭院、宅旁、墙隅、草坪、山石旁等处。还可盆栽观赏、制作盆景，陈设于室内、庭院等处。

连翘 *Forsythia suspensa*

　　也称黄花杆、黄寿丹、黄绶带、绶带。为木犀科连翘属落叶灌木，茎丛生，枝开展或呈拱形下垂，小枝略呈四棱形，疏生凸起的皮孔，节间中空，节部具实心髓。叶通常为单叶，或3裂至三出复叶，叶片卵形、宽卵形或卵状椭圆形，叶缘有锐锯齿或粗锯齿。花通常单生或2至数朵腋生，花萼较长，绿色，花冠漏

连翘的花

连翘

连翘的果实

斗形，裂片4，黄色。果卵球形、卵状椭圆形或长椭圆形，先端喙状渐尖，表面疏生皮孔。花期3～4月。果期7～9月。品种及变种有金叶连翘、金脉连翘、垂枝连翘、花叶连翘等。此外，同属中的卵叶连翘、秦连翘、东北连翘、丽江连翘等也有栽培。

连翘在我国有着广泛的栽培，除供观赏外，其茎、叶、根、果壳均可入药，其果实在秋季初熟，尚带绿色时采收称为"青翘"，熟透后采谓之"老翘"。有清热、解表、散风的功效，中药"银翘解毒丸"中的"翘"就是指连翘，"银"则指金银花。

养护　连翘喜温暖湿润和阳光充足的环境，略耐阴，怕积水，耐寒冷和干旱，也耐瘠薄，对土壤要求不严，在微碱、中性、微酸性土壤中都能生长良好。在春季萌动前移栽，栽培地点宜选择向阳高燥、排水良好之处，而不宜栽植在土壤黏重、低洼积水、过于荫蔽的地方。栽种时施以腐熟的粪肥做基肥，栽后浇一次透水。其平时管理较为粗放，不必每年都施肥，可在植株生长逐渐衰弱时，于落叶后开沟施以厩肥。每年的花后剪除枯枝、弱枝、病虫枝以及过密、过老的枝条，以促发新枝，使其翌年开花繁茂。对于衰老的枝条可在冬季的休眠期从离地面10～20厘米处截断，对植株进行更新。

繁殖　连翘的繁殖可在春季萌动时进行分株，也可播种或扦插、压条等方法。

金钟花 *Forsythia viridissima*

别名迎春柳、迎春条、金梅花、金铃花。为木犀科连翘属落叶灌木，枝棕褐色或红棕色，直立，小枝绿色或黄绿色，呈四棱形，具片状髓；单叶对生，长椭圆形至披针形，或卵状长椭圆形，中部以上有不规则的粗锯齿或锐锯齿，稀全缘。花1～3朵着生于叶腋，花萼较短，萼片绿色，花冠深黄色，裂片狭长圆形至长圆形。果实卵形或宽卵形，先端喙状渐尖。花期3～4月，果期8～11月。

美国金钟连翘也叫金钟连翘，为连翘与金钟花的杂交种。形态介于连翘与金钟花之间，其花朵大而密集。

养护与繁殖 与连翘近似，可参考进行。

金钟花

锦带花 & 海仙花

锦带花与海仙花是两种较为近似的植物，如果不仔细观察，很容易弄混。

锦带花 *Weigela florida*

别名山芝麻。为忍冬科锦带花属落叶灌木，株高1～3米，叶矩圆形、椭圆形至倒卵状椭圆形，顶端渐尖，边缘有锯齿。花单生或成聚伞花序生于侧生短枝的叶腋或枝顶，萼筒长圆柱形，花萼裂片中部以下联合，花冠紫红色或玫瑰花色，花期4～6月。种子无翅。经过杂交育种，有上百个园艺种

锦带花

那些相似的花儿：160种花卉的辨识养护

和类型，主要有美丽锦带花、白花锦带花、变色锦带花、紫叶锦带花、红王子锦带花、日本锦带花、斑叶锦带花等。

锦带花花色绚丽，花期长，可植于庭院墙隅、水畔或作绿篱或点缀假山坡地，也可盆栽观赏或将花枝剪下，瓶插欣赏。

养护　锦带花喜阳光充足和温暖湿润的环境，耐半阴，耐寒冷，但怕积水。适应性强，耐瘠薄，对土壤要求不严，但在土层深厚、湿润，含腐殖质丰富的土壤中生长更好。生长期宜保持土壤湿润，但不要积水。由于锦带花生长期较长，入冬前小枝往往生长不充实，越冬时容易干枯，因此应在春季萌动前将顶部的干枯枝以及其他老弱枝、病虫枝，将长枝剪短，花后剪去残花枝，以免消耗过多的养分，影响生长。

繁殖　可采用播种以及扦插、压条等方法进行繁殖。

红王子锦带花

海仙花 *Weigela coraeensis*

别名五彩海棠、朝鲜锦带。为忍冬科锦带花属落叶灌木，株高4～5米，叶片比锦带花稍大，先端稍尖。花萼裂片直接裂到底部，即园艺学上说的"锦带带一半，海仙仙到底"，花色初为白色或淡粉红，以后逐渐变为红色，乃至紫红色。因此常常会在同一个花序上看到不同颜色的花朵，五彩缤纷，煞是好看。种子有翅。花期4～5月。

养护与繁殖　与锦带花近似，可参考进行。

海仙花景观

海仙花

狗尾红 & 猫尾红

狗尾红与猫尾红的是两种形态较为近似的植物，其毛茸茸的花序酷似某些动物的尾巴，色彩红艳，奇特而富有趣味。

狗尾红 *Acalypha hispida*

即红穗铁苋菜。为大戟科铁苋菜属常绿灌木。植株直立生长，多分枝，叶纸质，单叶互生，阔卵形或卵形，先端渐尖或急尖，边缘有粗锯齿。雌雄异株，雌花序腋生，穗状，长15～30厘米，红色或紫红色。花期2～11月。

狗尾红长长的花穗微微下垂，很像狗的尾巴，姿态可爱，色彩红艳。可盆栽布置厅堂、书房、阳台等处；在气候温暖的地区也可植于庭院或公园。全株入药，根及树皮有祛痰之效，可治气喘；叶有收敛之效；花穗有清热利湿、凉血、

狗尾红

狗尾红

止血之效。

养护 狗尾红原产马来群岛及新几内亚，喜温暖湿润和阳光充足的环境，适宜在明亮的散射光下生长，不耐寒冷，也不耐干旱。生长期宜保持土壤和空气湿润，每10～15天施一次以磷钾肥为主的薄肥。冬季放在室内阳光充足处，温度最好保持在15℃以上，低于10℃就会落叶，严重时甚至造成植株死亡。

盆栽植株春季翻盆，盆土以排水良好、富含腐殖质的砂质土壤为佳。并对植株进行修剪，以促使多萌发新枝，多形成花芽。

繁殖 可在春、夏、秋三季进行扦插，也可在生长季节进行高空压条，还可播种繁殖。

猫尾红 *Acalypha reptans*

即红尾铁苋。为大戟科铁苋菜属常绿灌木，枝条呈半蔓性，能匍匐地面生长。叶互生，卵形，先端尖，叶缘具细齿，两面被毛。柔荑花序顶生，具茸毛光泽，红色。自然花期为春季至秋季，而在人工栽培的环境中一年四季都可开花。

猫尾红花序鲜红，形似猫尾，又像红色毛毛虫，商家称之为"岁岁（穗穗）红"，取其"岁岁红火"之意，奇特而富有野趣，常做吊盆栽种，悬挂于窗前等处，随风摇曳，非常美丽，也可陈设于案头、几架、柜顶等处观赏。

养护 猫尾红原产新几内亚及西印度群岛，习性与狗尾红近似。但不适宜在散射光环境中生长，尽管耐旱力稍强，平时也要保持盆土湿润而不积水。因其喜欢空气湿润的环境，高温干燥时应向植株及周围环境喷水，以增加空气湿度。生长季节每周施一次"低氮，高磷钾"的复合肥或腐熟的稀薄液肥，以促使花序的形成。冬季移至室内阳光充足处，温度最好控制在15℃以上，如果低于10℃就会造成植株落叶，严重时甚至导致植株死亡。2～3月对植株进行一次修剪，将过长的枝条剪短，剪去病枝、枯枝，以促发健壮的新枝。春季翻盆，盆土要求疏松透气，含腐殖质丰富，可用腐叶土、园土各一份，再掺入少量腐熟马粪混匀后使用。

繁殖 可结合春季换盆进行分株；也可在春季节剪取头年生的健壮枝条，5～6月采集当年生健壮而充实的枝条作插穗，进行扦插繁殖。

猫尾红

猫尾红花序

茶花&茶梅

茶花与茶梅是两种较为较为近似植物，很容易弄混。除茶花和茶梅外，山茶属的金花茶、杜鹃红山茶（因四季都能开花，故也叫四季红山茶）、越南抱茎茶（在花市常被叫做帝王花、海棠妖姬）等也常见于栽培。

茶花 *Camellia japonica*

中文正名山茶，别名山茶花。为山茶科山茶属常绿灌木或小乔木，嫩枝无毛；叶革质，椭圆形，长5～10厘米，宽2.5～5厘米，叶缘有细锯齿。花顶生，花瓣基部联生，密密麻麻，使花朵呈喇叭状。其园艺种丰富，黄色有红、粉、淡绿、白及复色等，花朵有单瓣、复瓣、重瓣，花型有五星型、荷花型、松球型以及托桂型、菊花型、芙蓉型、皇冠型、绣球型、蔷薇型、放射型等类型，基本

1	2
3	4

1.杜鹃红山茶
2.越南抱茎山茶
3.金花茶
4.茶花

那些相似的花儿：160种花卉的辨识养护

无香味，花期1~4月（某些新培育品种可从10月底开到翌年5月初），凋谢时整朵花一起脱落。

茶花是世界性名花，同时也是我国的传统名花。可植于庭院，气候寒冷的地区可作盆栽观赏，也可制作盆景或作切花瓶插欣赏。

养护　茶花喜温暖湿润的半阴环境，有一定的耐寒性，适宜在疏松肥沃，含腐殖质丰富，排水、保水性良好的微酸性砂质土壤中生长。生长期宜保持半阴的环境，避免烈日暴晒。保持土壤和空气湿润，但不要积水，北方地区水质偏碱性，可在水中加入少量的硫酸亚铁（黑矾），以改善水的pH。花期喷水时不要将水喷到花朵上，以免引起花朵霉烂。除栽种或翻盆时要施足基肥外，可在春季萌芽后每15天左右施一次薄肥，夏季可增加磷钾肥的用量，为秋季的花芽分化打下良好的基础，秋季一般不必施肥，开花前可施矾肥水，开花时施以速效磷钾肥，可使花大色艳，花期长。冬季要求有充足的光照，温度控制在10℃以下，如果温度过高，会使植株提前发芽，造成花蕾不能正常开放，乃至干枯脱落，而长期低于0℃则会受到冻害。

茶花的长势不是很强，不必作过多的修剪，但可剪去干枯枝、病弱枝、过密枝以及其他明显影响树形的枝条，并适当疏去过多的花蕾。

繁殖　可用扦插、压条、嫁接等方法，播种的实生苗变异性加大，多用于砧木的培养和新品种的选育。

1	3
2	4

1.单瓣茶花
2.复瓣茶花
3.白茶花
4.茶花

形相似

茶梅 *Camellia sasanqua*

也叫茶梅花。为山茶科山茶属常绿灌木或小乔木，嫩枝有毛；叶革质，椭圆形，叶缘有细齿。与茶花相比，其叶片较小，长3～5厘米，宽2～3厘米；花型也不是那么丰富，花朵较小，花瓣基部离生，使得花型较为松散，呈碟状，花瓣质薄，花色有红色、粉红、白等颜色，有淡淡的香味；花期11月至翌年3月，凋谢时花瓣一片片脱落。

茶梅四季常青，花朵娇俏玲珑，花期长，可盆栽观赏或制作盆景，也可植于庭院观赏。

养护 茶梅原产日本，喜温暖湿润的半阴环境，稍耐阴，忌强光暴晒。适宜在排水良好、富含腐殖质、湿润的微酸性土壤中生长。虽然有一定的耐寒性，但盆栽植株以不低于−2℃、不高于10℃为宜，否则会促进其营养生长，争夺正在发育中的花蕾所需的养分，导致其不能正常开放。春季花期过后，施1～2次矾肥水，6月以后每10天左右施一次薄肥，9月下旬以后停止施肥。与茶花相比，其生长能力稍强，可适当修剪，做成不同的造型，但可在孕蕾后疏去一些花蕾。

繁殖 在6月中旬采取单叶短枝扦插的方法。此外，也可采用压条等方法。

茶梅

那些相似的花儿：160种花卉的辨识养护

张冠李戴

在植物中有很多张冠李戴的现象，即把A种植物当做B种植物，像饭店里的田七就是花市上常见的露草；花市上的盆景植物两面针实为春云实；超市和饭店中的水果木瓜是番木瓜等。

露草&田七&穿心莲

　　田七是三七的别名，也是人们熟悉的一味中药材，为五加科人参属植物，具有补血养气、抗疲劳、散瘀止血、消肿止痛、美容养颜等多种功效，常用作牙膏或化妆品的添加剂，制成田七牙膏或田七化妆品。但你是否知道，一些饭店里的"田七拌核桃仁""田七拌木耳"等菜肴中的田七并不是真正的田七，而是一种叫"露草"的蔓生类植物，在多肉植物生产大棚和花市上常能见到其踪影，只不过摇身一变，名字就变成了"一点红"了。

　　"穿心莲"也是一些饭店或超市的高档蔬菜，据说有清热解毒、消肿止痛的功能，其实这种所谓的"穿心莲"是露草的另一种称呼，而真正的穿心莲为爵床科穿心莲属一年生草本植物。其味苦，只要含入一小片它的叶子，马上可以感受到那种刻骨铭心的苦，直入你的心中，故名"穿心莲"。由此可见，真正的穿心莲是不能入菜直接食用的。

　　那么，这种既能当"田七"，又能当"穿心莲"，还能当"一点红"的露草究竟是一种什么样的植物呢？

露草 *Aptenia cordifolia*（异名 *Mesembryanthemum cordifolium*）

　　也称心叶日中花，别名露花、花蔓草、牡丹吊兰、羊角吊兰、心叶冰花。为番杏科露草属多肉植物，植株匍匐或悬垂生长，多分枝；肉质叶对生，有柄，叶片肥厚多肉，全缘，钝头，心状卵形，鲜绿色。单花顶生或侧生，具短柄，紫红色或深粉红色。夏、秋季节开放。斑锦变异品种露草锦，叶面上白色或淡粉色斑纹。有文献将露草属整体划归日中花属（*Mesembryanthemum*）。

　　养护　露草原产南非，喜温暖干燥和柔和而充足的光照，耐半阴和干旱，不耐涝，有一定的耐寒能力。生长期应给予充足的光照，但盛夏高温时仍需适当遮光，以免因烈日暴晒引起枝叶偏黄，并注意避免闷热的环境。浇水做到"不干不浇，浇则浇透"。每月施一次腐熟的稀薄液肥或复合肥。作为花卉栽培的露草，应避免肥水过大，特别是氮肥施用量不宜过多，否则虽然枝叶生长繁茂，却开花稀少，甚至不开花，如果能适当控制水、肥，使植株生长慢一点，反而会收到良好的效果，不但开花多，而且还可保持株形的紧凑和优美。而作为蔬菜栽培的露草则可水肥大点，并适当遮光，这样会使得茎叶更加鲜嫩，口感也更好。平时注意打头摘心、剪去影响株形的枝条、摘除枯烂的叶片，以保持株型的完美。冬季要节制浇水，使植株休眠，能耐5℃左右的低温。

每年春季换盆一次，盆土宜用疏松肥沃、排水透气良好的砂质土壤。露草虽然生长较快，但植株也容易老化，当植株生长3～4年后，应繁殖新株，进行更新。

繁殖 可在生长季节剪取健壮充实的枝条进行扦插。

1.露草
2.露草
3.作为蔬菜的露草
4.露草的花
5.露草锦

	1
2	3
4	5

月季&玫瑰&蔷薇

　　月季、玫瑰、蔷薇均为蔷薇科蔷薇属植物，其形态有颇多相似之处，故被称为"蔷薇三姐妹"，很多人傻傻分不清，把月季当作"玫瑰"，把蔷薇当作月季的张冠李戴现象也时有发生。蔷薇属植物约有200种，广泛分布于亚洲、欧洲、北非、北美各洲的寒温带至亚热带地区，我国产82种。其不同种类之间互相杂交，产生了大量的园艺品种，是观赏花卉中不可或缺的组成部分。

月季 *Rosa chinensis*

　　为蔷薇科蔷薇属常绿或落叶灌木。据《中国植物志》记载，中国有月季花（ *R. chinensis* ）、香水月季（ *R. odorata* ）、亮叶月季（ *R. lucidissima* ）等3个组群，其中包括紫月季花、单瓣月季花、绿萼、小月季、大花香水月季、粉红香水月季、橘黄香水月季等变种和园艺杂交种，为世界各国广为引种栽培。

　　月季可分为古老月季和现代月季。所谓现代月季是指1867年以后培育出来的月季品种，由欧洲的园艺工作者用法国蔷薇、狗蔷薇、白蔷薇、百叶蔷薇、巨花蔷薇、突厥蔷薇等蔷薇属植物与中国月季反复杂交、选种而培育成功，其中中国月季为世界月季贡献了灌木状树形、多次开花、大花、茶香、淡黄色、

丰花月季

单瓣月季

地被月季

1.灌木月季

2.流星雨

3.高心卷边花型

4.黑旋风

1	2
3	4

红色等重要基因。经过100多年的不断育种，形成了现代月季的庞大品系，其品种在3万个以上，每年还有大量的新品种问世。能持续不断地开花是现代月季一个重要特征，在适宜条件下全年都可开花。其主根细弱，但须根发达。除个别品种外，大部分品种都有皮刺。羽状复叶，有卵形或长圆形小叶3～7枚，叶片先端有尖，边缘有锯齿，两面都无毛，表面绿色，无皱纹，有光泽，背面稍淡。

月季的花单生或数朵丛生于枝顶，花梗无毛或有腺毛，萼片卵形，先端尾状渐尖，有时呈叶状。花蕾形状有球形、壶形、卵形、笔尖形等。花型有杯状、盘状、露心、多角状、坛状、球状、莲座状、四联状、蜂窝状、高中心状、高心翘角、高心卷边、高心平瓣、平瓣杯状、平瓣盘状、开心型、康乃馨型、茶花型、牡丹型等多种类型。并有单瓣（5～10枚花瓣）、半重瓣（10～20枚花瓣）、重瓣（20～60枚花瓣）、千重瓣（超过60枚花瓣）之分。花色有白色系、黄色系、粉色系、橙色系、红色系、墨红系、蓝紫系、缘心双色系、表里双色系、混色系等10个系。具体颜色有纯白、浅粉、深粉、红色、杏黄、橙黄、柠檬黄、浅绿和接近黑色的紫红、深红以及镶边、洒金等复色，有些品种花瓣

1. 欧月
2. 南海浪花
3. 绿萼
4. 染色而成的"蓝色妖姬"
5. 树状月季
6. 藤本月季

		2
1		3
4		6
5		

上还有天鹅绒、丝绸般的光泽。有些品种还会变色，初开时呈现出一种颜色，盛开时是一种颜色，即将凋谢时则又是一种颜色，单个植株上因花朵的开放时间不一样，会呈现出不同的颜色，像微型月季中的婴儿假面舞会（俗称小五彩，Baby Masquerade）、躲躲藏藏、烟花波浪等品种。在花店里经常会看到一种开蓝色花的"玫瑰"——"蓝色妖姬"，其实这是用高浓度的蓝色染料将原本白色、淡粉色、淡黄色等相对浅色月季染成蓝色的。在园艺中蓝色月季还是有的，但没这么纯正，只不过是略呈蓝紫色而已。黑美人、黑魔术、黑旋风、黑珍珠以及黑色巴卡拉、古生物、夜歌等黑色月季并不是纯黑色，而是接近黑色的深红色

或深紫色，即"红得发黑，紫得发黑"。绿色也是月季中较为稀少的花色，主要有绿云、绿苹果、柠檬水、绿冰、结绿珍、超级绿色、绿星、迷人的绿色、绿萼等，其中的绿萼（帝君袍）是中国古老月季的一个变种，其绿色花朵完全由萼片组成，虽然不是很美丽，但稀少奇特，是月季中的珍贵品种。

月季的果实肉质蔷薇果，呈球形或长椭圆形，成熟后橙黄色或红色。其色彩鲜艳，可观赏，国外已培育出以观果为主的月季品种。

现代月季根据杂交亲本与生育性状，主要分为杂种茶香月季（HT系）、丰花月季（F或Fl系）、壮花月季（Gr）、微型月季（Min系）、藤本月季（Cl系）、灌

1	2
3	4

1. 微型月季
2. 微型月季烟花波浪
3. 月季的果实
4. 微型月季法国小姐

月季的花蕾　　　月季的新芽　　　　　月季廊架　　　　　真正的蓝色月季

木月季（S）等不同类型。按栽培类型可分为盆栽月季、庭院月季、地被月季、树状月季、切花月季等类型。其中的树状月季也称树形月季，是用木香、蔷薇等茎干粗壮，有着较强支撑力的蔷薇属植物作砧木，以花朵硕大的茶香月季或丰花月季的枝条作接穗，通过嫁接而培育成功的。

欧月，是对欧洲月季的简称。其花型较为特殊，既不同于现代月季，也有别于古老月季。经典花型是花朵整体呈浑圆状，随着逐渐开放外瓣边缘呈盆沿状，逐步向内层层叠叠扭曲密集，而心瓣更加扭曲凌乱，花朵在整个绽放过程中始终保持平头，酷似一刀切开的包心菜，故称包心菜花型。其实包括世界月季联合会在内的任何国际专业组织或机构都没有将某个类型的月季命名为"欧洲月季"，因此，"欧月"一词只是流行于花卉爱好者和市场上，而学术界并没有"欧月"的说法。

月季花色、花型丰富而优美，花期长，是世界名花。可植于庭院，也可盆栽观赏或制作盆景，作为切花使用。月季的花、根、叶均可入药，具有活血消肿、消炎解毒等功效，常用于治疗月经不调、痛经等病症。

养护　月季喜温暖湿润和阳光充足、通风良好的环境，忌阴湿，耐寒冷。4～10月的生长季节可放在室外光照充足、空气流通的地方养护。浇水做到"见干见湿"，盆土过于干燥和积水都不利于植株生长，晚春及初夏北方地区常有干热风出现，除正常浇水外还应经常向植株及周围地面洒水，以增加空气湿度，避免新芽嫩叶焦枯。连阴雨天注意排水防涝，避免根系长期泡在水中，否则会造成烂根。生长期每7天左右施一次稀薄的液肥，肥液宜淡不宜浓；秋末则要停止施肥，并适当控制水分，以免新梢徒长受霜冻害。花后及时剪去残花及上部的枝条，以免消耗过多的养分，影响生长，修剪时最好将芽口留在外侧，并剪除使树冠蓬松的长枝，以留出下次枝条伸长开花时的位置，使树冠形态优美。每年的11月对植株进行一次定型修剪，剪除枯枝、弱枝、徒长枝和内膛枝，并将所保留的枝条剪短，只保留基本骨架。

对于盆栽月季，可在春天进行翻盆，盆土可用疏松肥沃、排水良好的中性土壤，并在盆底放些腐熟的碎骨头、动物的蹄甲片或过磷酸钙等含磷量较高的肥料作基肥。

繁殖 可用扦插、分株、压条、嫁接等方法。播种多用于新品种的培育，大量繁殖则用组织培养的方法。

1. 作为玫瑰出售的切花月季
2. 杂种茶香月季
3. 半重瓣月季
4. 铜花瓶

1	2
3	4

玫瑰 *Rosa rugosa*

又称徘徊花、刺玫花，国外称皱叶蔷薇。为蔷薇科蔷薇属落叶灌木，具粗壮的主根，枝条直立丛生，枝干健壮，密生针刺和刚毛，小枝则密生茸毛。羽状复叶，叶柄有茸毛和刺，小叶5～9枚，叶片卵圆形或倒卵状椭圆形，边缘有钝锯齿，叶脉凹陷，呈皱纹状。花单生或数朵聚生于叶腋，花短梗，有刺，花托平滑，花朵有单瓣、重瓣或半重瓣，花色有紫红至白色，具有浓郁的芳香。果实下垂生长，扁球形，顶端有宿存的萼片，表皮鲜红色。花期根据各地气候的不同，从4～7月陆续开放。

紫枝玫瑰别名四季玫瑰。杂交品种，父本是山刺玫，母本是平阴玫瑰。其当年抽生枝霜降后呈亮紫红色；叶质薄，近纸质，叶背有白霜。萼筒较为狭窄，花色有紫红、粉红、粉白，其中粉红色花又有单瓣花、重瓣花之分，具有多花性，从暮春到秋末可持续不断地开花。

玫瑰的花朵芬芳馥郁，可提取芳香油，供食用或化妆品用，花瓣可以制馅饼、玫瑰酒、玫瑰糖浆；花瓣、花蕾干制后可泡茶饮用，对肝、胃气痛、胸腹胀满、月经不调等有缓解作用。

1. 白玫瑰
2. 单瓣玫瑰
3. 玫瑰

1	2
	3

1	2
3	4

1. 玫瑰的叶　　2. 玫瑰的果实
3. 玫瑰景观　　4. 紫枝玫瑰

　　玫瑰花形优美，色彩鲜艳，气味芬芳，是爱情的象征，也是情人节的首选花卉，还常用于婚礼等庆典活动。但你是否知道花市、花店里出售的所谓"玫瑰"全都是现代月季，而花市上的"钻石玫瑰""袖珍玫瑰""迷你玫瑰"则是微型月季。它们虽然有玫瑰的血统，但并不是真正植物学上的玫瑰。

　　那么，为什么要用月季代替玫瑰呢？我们知道"Rosa"一词，在英语中是蔷薇科蔷薇属植物的统称，其属内的月季、玫瑰、蔷薇等都可以用"Rosa"表示。在这三者之中玫瑰的名气最大，也最受人们喜爱，于是我国港台地区及新加坡等华语国家就把"Rosa"翻译成玫瑰，但真正的玫瑰由于刺多、花小、花色单一、花期短，而现代月季花枝挺拔、无刺或少刺、花色丰富且四季都能开花，于是就取代玫瑰广泛地用于各种社交场合，于是人们就用"玫瑰"之名称呼月季。国内沿用其称谓，在一些场合也把月季称为玫瑰。

　　养护与繁殖　习性与与月季近似，养护管理可参考进行。

张冠李戴

蔷薇 *Rosa* spp.

俗称刺玫、刺梅、刺藤、墙蘼。从广义上说，所有的蔷薇属植物都可以称为蔷薇。而狭义上的蔷薇是指野蔷薇（*R. multiflora*）及变种七姊妹、白玉堂、粉团蔷薇。此外狗蔷薇、黄蔷薇、法国蔷薇、突厥蔷薇、百叶蔷薇、白蔷薇等多种蔷薇属植物也被称为蔷薇。

蔷薇的植株一般呈藤蔓状，枝条细长而光滑，皮刺大而排列稀疏。奇数羽状复叶，托叶边缘有篦齿状分裂，有腺毛（腺毛比月季长的多），小叶5～7枚，叶片具光泽且平整，有柔毛，叶缘有齿。花通常6～7朵簇生，呈圆锥状伞房花序，花朵不大，直径约3厘米，花色有粉色、淡红色、红色、白色、黄色，还有少量品种为复色花。蔷薇的花型较为单一，一般为裂心平盘型，也有少量品种为重瓣型或半重瓣型花，香味清淡，甚至无香味，大多数种类不具复花性，一般只在每年的春末夏初开一次花，极个别种类有复花性，可在秋季再度开花，但该性状并不很稳定，不是每年都能复花。

蔷薇的枝蔓较长，有着良好的攀缘性，多用于绿篱或棚架植物。不少种类的蔷薇根干发达，虬曲苍劲，可作为砧木，嫁接月季。而某些园艺种叶片细小，根系发达，花朵玲珑可爱，像从日本引进的"姬蔷薇"，其叶片细小，花朵不大，根系多姿，是制作盆景的优秀素材，尤其适合制作提根式、附石式等造型的盆景。

蔷薇的习性与月季近似，养护管理及繁殖可参考月季。

1	2
3	4

1. 七姊妹

2. 伞花蔷薇

3. 粉团蔷薇

4. 美蔷薇

珍珠梅 & 麻叶绣线菊

珍珠梅，因花蕾洁白圆润，形似珍珠，盛开后如同梅花而得名；而麻叶绣线菊的花蕾与珍珠梅近似，故也有人称之为珍珠梅。

珍珠梅 *Sorbaria sorbifolia*

别名花楸叶珍珠梅、东北珍珠梅、高粱条子。为蔷薇科珍珠梅属落叶灌木，枝开展。奇数羽状复叶对生，小叶 11～17 枚，叶片披针形至卵状披针形，边缘有尖锐的重锯齿。大型密集的圆锥花序顶生，花蕾白色，圆珠形，小花也为白色，5 瓣，花瓣长圆形，雄蕊 40 枚，花期 5～10 月，尤以 6～7 月为盛。蓇葖

珍珠梅

珍珠梅的花蕾

果，矩圆形，9月成熟。珍珠梅属植物约有9种，分布于亚洲。我国产珍珠梅及华北珍珠梅（*S. kirilowii*）、高丛珍珠梅（*S. arborea*）、曲柄珍珠梅（*S. tomentosa*）等4种，此外还有一些变种。产于东北、华北至西南各地。

珍珠梅的花、叶清丽雅致，花期长，可在庭院中孤植、列植或丛植，均有着很好的景观效果。其茎皮入药，性味苦、寒，有活血祛瘀、消肿止痛之功效。

养护 珍珠梅原产我国的西北、华北及东北的部分地区，喜阳光充足和温暖、湿润的环境，耐寒冷和干旱，也耐阴。对土壤要求不严，但在土层深厚、肥沃且排水良好的砂质土壤中生长更好。其管理较为粗放，天旱时注意浇水，一般不必另外施肥。花谢后及时剪去残花序，以促进抽生新的花序。11月初入冬前浇一次封冻水，并将枯枝、病虫枝、弱枝剪去，以利枝条更新。

繁殖 以分株为主，在早春或晚秋落叶后进行。也可在3～4月用硬枝扦插，成活率较高。还可用播种的方法繁殖。

麻叶绣线菊 *Spiraea cantoniensis*

又称麻叶绣球、麻毬。为蔷薇科绣线菊属落叶灌木，小枝暗红色，呈拱形弯曲。叶片菱状披针形或菱状长圆形，边缘自中部以上有像刀刻样的牙齿，叶表深绿色。伞形花序，小花密集，雪白色，花期4月。

绣线菊属植物约100种，此外还有一些园艺种。常见的还有中华绣线菊、柳叶绣线菊、菱叶绣线菊等。

麻叶绣线菊花色素雅洁白，开花量大，可植于庭院、道路两旁，也可盆栽观赏，偶尔也可制作盆景。此外，还可作为切花使用，瓶插观赏。

养护 麻叶绣线菊喜温暖湿润和阳光充足的环境，稍耐寒，耐阴，比较耐干旱，忌积水。适宜在疏松肥沃、排水良好的砂壤土中生长。其习性强健，管理较为粗放，平时勿使土壤积水，干旱时注意浇水；除栽种时施足基肥外，一般不需要另外施肥。早春萌芽前进行修剪整形，剪除干枯枝、病弱枝、过密枝、老化枝，使株型美观，开花繁多。

繁殖 可采用分株或播种的方法。

麻叶绣线菊

木瓜&榅桲&番木瓜

在一些酒楼饭店及菜市场、水果店，常把番木瓜当作木瓜出售。其实就像番茄与茄子是两种完全不同的植物一样，木瓜与番木瓜也是两种不同的植物，前者常作观赏花木栽培，后者则作为食用果蔬种植。而榅桲因花型与木瓜近似，常被当作木瓜的一个品种，而且二者都有木梨的别名。

木瓜 *Chaenomeles sinensis*

又称香瓜、木梨、木李、槟楂、光皮木瓜。为蔷薇科木瓜属落叶灌木或小乔木。树皮黄绿色，呈片状剥落。叶片椭圆状卵形或长圆形，边缘有锐锯齿。花单生于叶腋，具粗而短的花梗，粉红色。果实长椭圆形，初为青色，成熟后呈暗黄色，表皮光滑，木质，有浓郁的芳香。花期4月，果期9～10月。

木瓜是花、果、形俱佳的花木，可植于庭院或盆栽、制作盆景；也可将成

木瓜的果实

木瓜的花

熟的果实摘下，作为香果陈设于室内，芳香浓郁，经久不散。果实可入药，有顺气、祛痰、解酒、止痢的作用；泡在酒中制成药酒，有很好的活血壮筋功效。其果实味涩质硬，不能直接生食，须煮熟或糖渍后方能食用。同属植物木瓜海棠（中文正名毛叶木瓜，别名木桃、木瓜）、贴梗海棠（中文正名皱皮木瓜，别名贴梗木瓜、木瓜）的果实药性与木瓜近似，而且在中药中也称为木瓜，可替代使用。

养护　木瓜原产喜温暖湿润和阳光充足的环境，耐寒冷，不耐阴，对土质要求不严，但在土层深厚、疏松肥沃、排水良好的砂质土壤中生长较好，栽植地点可选择避风向阳处。每年的秋季落叶后至春季萌芽前移栽，栽种时要施足基肥。以后每年的2～3月开沟施一次肥，以给开花坐果提供充足的养分。坐果后最好每2周浇一次透水，以促进果实的生长，雨季注意排水，以防因土壤积水烂根。11月卸果后再开沟施一次肥，并浇足上冻水。冬季对植株进行一次修剪，剪去弱枝、徒长枝、交叉枝、枯枝，以加强树冠内部的通风透光，有利于来年的生长。

繁殖　可在春季进行播种。对于优良的品种也可用木瓜实生苗或苹果属的植株作砧木进行嫁接，也可用扦插、压条等方法繁殖。

张冠李戴

榅桲 *Cydonia oblonga*

别名木梨、金苹果、新疆木瓜。为蔷薇科榅桲属落叶灌木或小乔木，嫩枝密被绒毛。叶片卵形至长圆形，叶面深绿色，背面颜色稍浅，叶柄被有绒毛。花单生，花瓣倒卵形，白色或淡粉色。果实梨形，直径3~5厘米，密被短绒毛，有香气。花期4~5月，果期10月。

榅桲原产中亚细亚地区。果实芳香，味酸涩不宜生食，但可熟食，也可制成果汁、果酱、果脯。入药可治疗水泄、肠虚、烦热及散酒气。

养护与繁殖 榅桲习性强健，对土壤要求不高，耐碱性土壤，但在含砂粒丰富的肥沃壤土中生长最好。萌芽期、开花期、果实膨大期、果实着色期及封冻前注意浇水。每年春季、秋季各施肥1次。落叶后至萌芽前进行冬剪，采用短截、回缩等方法，对内膛枝、下部枝更新复壮，使之轮流坐果，并保持树的整体结构。萌芽后至落叶前进行夏季修剪，可采用摘心、扭梢、拉枝等技术，促进花芽分化。

繁殖 可用播种、压条、扦插、分株、嫁接等方法。

榅桲的果

榅桲的花

番木瓜 *Carica papaya*

别名木瓜、树冬瓜、万寿果。为番木瓜科番木瓜属常绿小乔木，树皮破处有白色乳汁状浆液流出，茎不分枝或在损伤处萌发新枝；叶大型，生于茎顶，近圆形，直径可达60厘米，常5～9深裂，裂片羽状分裂。叶片脱落后残存有螺旋状排列的粗大叶痕。花单性，雌雄异株；雄花排成长达1米的下垂圆锥花序；雌花单生或数朵排成伞房花序。浆果矩圆形，长达30厘米，熟时橙黄色。

番木瓜在热带、亚热带等温度地区可植于庭院，气候较为寒冷的北方多盆栽观赏或者用于布置植物园的大型温室。其果肉较厚，成熟后可做水果食用，未成熟的果实也可作为蔬菜熟食或腌制后食用，可加工成蜜饯、果脯、果汁、果酱及罐头。叶有强心、消肿作用；种子黑色，有皱纹，可榨油。

养护 番木瓜在热带、亚热带均有分布，喜高温湿热的气候。根系较浅，忌大风，忌积水。对土壤适应性较强，但在疏松肥沃的微酸性至中性砂质土壤中生长较好。生长适温22～25℃，其耐寒性较差，10℃左右生长缓慢，5℃幼嫩器官出现冻害。因此，北方多作温室地栽，而热带则多作食用果蔬栽培。

繁殖 以播种为主。

番木瓜

番木瓜的花

清香木&胡椒木

清香木与胡椒木外观极为相似，在市场上也常常把胡椒木当作清香木出售，可以说花市上作为商品出售的清香木几乎都是胡椒木。但从植物分类学上讲，它们却是两种完全不同的植物，仔细辨识，还是有很大区别的。

清香木 *Pistacia weinmanniifolia*

别名细叶楷木、香叶子。为漆树科黄连木属常绿灌木或小乔木，树皮灰色，小枝具棕色皮孔。偶数羽状复叶互生，有小叶4~9对，小叶革质，长圆形或倒卵状长圆形，有清香，嫩叶红色，老叶绿色。核果，8~10月成熟后呈红色。

清香木枝叶青翠，枝干苍劲古朴，常用于制作盆景，在气候温暖的地区也可植于庭院中。此外，树皮及树叶入药，有消炎解毒、收敛止泻的功效。叶可提取芳香油，民间常用其叶碾粉制香。

养护 清香木原产我国云南、贵州、四川、广西、西藏等地以及缅甸，喜阳光充足和温暖湿润的环境，稍耐阴，耐瘠薄。生长期可放在室外阳光充足、空气流通之处养护。浇水应掌握"不干不浇，浇则浇透"的原则，不要长期湿涝或积水，也不要只浇表皮水，一定要浇透，否则会造成叶片大量脱落，此外，通风不良也会造成叶片脱落。清香木耐瘠薄，如果施肥不当会造成烧根，因此施肥一定要谨慎，幼苗甚至可以不施肥。冬季移入阳光充足的室内，控制浇水，不低于0℃可安全越冬。每3年左右翻盆一次，在春季进行，盆土要求疏松透气、排水良好。

繁殖 可在春秋季节进行播种和扦插。

清香木

胡椒木 *Zanthoxylum beecheyanum*

中文正名琉球花椒，别名台湾胡椒木、清香木。为芸香科花椒属常绿灌木，奇数羽状复叶，小叶对生，叶片倒卵形，浓绿而有光泽，揉碎后有浓烈的芳香味，叶面有透明的油点。雌雄异株，雄花黄色，雌花橙红色，蓇葖果椭圆形，绿褐色或红褐色。此外，日本花椒（*Z. mpiperitum*）在某些文献中也被称为胡椒木或台湾胡椒木。

需要指出的是，日常生活中的调料胡椒，是胡椒科胡椒属植物胡椒（*Piper nigrum*）的果实，与胡椒木无关。胡椒木株型低矮，气味芬芳，可作庭院美化植物，也可盆栽观赏或制作盆景。

养护　胡椒木喜温暖湿润和阳光充足的环境，要求有良好的通风，耐热、较耐寒、稍耐旱、耐修剪。平时保持土壤和空气湿润。每15天浇施一次稀薄的液态肥，也可定期在盆土中埋施少量多元缓释复合肥颗粒。冬季移入室内阳光充足处，温度最好维持5℃以上。每2～3年的春季翻盆一次，盆土要求含腐殖质丰富、疏松透气。

繁殖　秋季用当年生的半成熟枝条扦插。

胡椒木

小果柿＆小叶紫檀

在花市上，常会看到有"小叶紫檀""黑檀""紫檀""印度紫檀"等植物出售。其实这些所谓的"檀木"与真正的檀木无任何关系，而是学名叫小果柿的柿科柿属常绿小灌木。真正的檀木是指黑檀（别名乌木、黑紫檀）、紫檀、小叶紫檀（檀香紫檀）等豆科植物，或因资源稀缺、观赏价值不高等多种因素，几乎没有用作观赏植物栽培。

小果柿 *Diospyros vaccinioides*

别名黑骨香、黑骨茶、枫港柿。为柿科柿属常绿矮灌木，幼枝绿色，老时深褐至黑褐色。叶革质，卵形，全缘，深绿色。雌雄异株，花细小，花冠钟形。果实椭圆形至近球形，成熟时黑褐色。

小果柿枝干黝黑，叶色墨绿光亮，可作观叶植物，盆栽观赏或植于庭院、制作盆景。

养护　小果柿喜温暖湿润和阳光充足的环境，有一定的耐阴性。生长期宜放在光照充足、空气流通之处养护，保持土壤和空气湿润，但不要积水。每月施一次薄肥。随时摘除杂乱的枝、芽，清明节前后可将老叶摘除，以促发红艳靓丽的新叶。

每3～5年翻盆一次，一般在春季进行，盆土要求疏松透气、排水良好。其须根不是很多，因此在翻盆的时候应做到尽量不伤根。

繁殖　以播种、分株为主。

小果柿